統計スポットライト・シリーズ 5

編集幹事 島谷健一郎・宮岡悦良

個体群生態学と行列モデル

統計学がつなぐ野外調査と数理の世界

島谷健一郎・高田壮則 著

近代科学社

統計スポットライト・シリーズ
刊行の辞

データを観る目やデータの分析への重要性が高まっている今日，統計手法の学習をする人がしばしば直面する問題として，次の3つが挙げられます．

1. 統計手法の中で使われている数学を用いた理論的側面
2. 実際のデータに対して計算を実行するためのソフトウェアの使い方
3. 数学や計算以前の，そもそもの統計学の考え方や発想

統計学の教科書は，どれもおおむね以上の3点を網羅していますが，逆にそのために個別の問題に対応している部分が限られ，また，分厚い書籍の中のどこでどの問題に触れているのか，初学者にわかりにくいものとなりがちです．

この「統計スポットライト・シリーズ」の各巻では，3つの問題の中の特定の事項に絞り，その話題を論じていきます．

1は，統計学（特に，数理統計学）の教科書ならば必ず書いてある事項ですが，統計学全般にわたる教科書では，えてして同じような説明，同じような流れになりがちです．通常の教科書とは異なる切り口で，統計の中の特定の数学や理論的背景に着目して掘り下げていきます．

2は，ともすれば答え（数値）を求めるためだけに計算ソフトウェアを使いがちですが，それは計算ソフトウェアの使い方として適切とは言えません．実際のデータを統計解析するために計算ソフトウェアをどう使いこなすかを提示していきます．

3は，データを手にしたとき最初にすべきこと，データ解析で意識しておくべきこと，結果を解釈するときに肝に銘じておきたいこと，その後の解析を見越したデータ収集，等々，統計解析に従事する上で必要とされる見方，考え方を紹介していきます．

一口にデータや統計といっても，それは自然科学，社会科学，人文科学に渡って広く利用されています．各研究者が主にどの分野に身を置くかや，どんなデータに携わってきたかにより，統計学に対する価値観や研究姿勢は大きく異なります．あるいは，データを扱う目的が，真理の発見や探求なのか，予測や実用目的かによっても異なってきます．

本シリーズはすべて，本文と右端の傍注という構成です．傍注には，本文の補足などに加え，研究者の間で意見が分かれるような，著者個人の主張や好みが混じることもあります．あるいは，最先端の手法であるが故に議論が分かれるものもあるかもしれません．

そうした統計解析に関する多様な考え方を知る中で，読者はそれぞれ自分に合うやり方や考え方をみつけ，それに準じたデータ解析を進めていくのが妥当なのではないでしょうか．統計学および統計研究者がはらむ多様性も，本シリーズの目指すところです．

編集委員　島谷健一郎・宮岡悦良

序

希少生物の保護が重要な社会問題として広く認識されている今日であるが，では，以下のような問題に直面したとき，ちょっと考えただけで簡単に答えられるだろうか？

ある鳥類Aの成鳥のメスは，春に平均3個の卵を産む．孵化したヒナはだいたい3年かけて成鳥となり4年目から繁殖を始める．成鳥に至るまでの3年間は毎年60%の死亡率で減っていく．一方，4年目に成鳥になると以降の死亡率は5%に低下し，寿命が尽きるまで数十年間，毎年繁殖を続ける．さて，この状態のままだと，**鳥類Aは絶滅するのだろうか？ それともどんどん増殖するのだろうか？ あるいは今の個体数を保って安定的なのだろうか？**

鳥類Bの成鳥のメスは，春に平均6個の卵を産む．孵化したヒナが成鳥となり繁殖を始めるまでだいたい5年かかる．その間の死亡率は25%だが，6年目に成鳥になると以降の死亡率は75%へ上昇し，数回の繁殖をして天寿を全うする．

さて，**鳥類AとBを比べると，どちらがより早く増殖あるいは絶滅に向かうのだろうか？ 鳥類Aを増殖させるには，生まれたヒナや幼鳥の生残率を高めるのと，繁殖している成鳥の生残率を高めるのと，どちらが有効だろう？ 鳥類Bではどうか？**

どちらが有効な対策かを考えなければいけない状況は，野生生物の保全を考える上で頻繁に見かける．例えば，ウミガメの保護では，産卵のために上陸する砂浜や産み落とされた卵の保護と，漁網などに親亀が引っ掛かり命を落とす事故の防止が考えられる．限られた予算で対策を練る場合，どちらに重点を置いた保護政策がより有効なのだろう．同じ海の大型動物でも，シャチのように1回の出産で1個体しか産まず，かつ，出産は数年に1回という哺乳類の保全では，親個体（成獣）と幼獣と，どちらに重点を置くほうが有効なのだろう．

植物でも保全の問題は随所に見られる．開発で森林の分断化が進むにつれて樹木の下に生える草本の衰退が起こっている．それは，発芽した個体の生残や成長が悪いためか，開花に至った個体の生残や繁殖数が悪いためか，判別できないだろうか．

類似の問題は，野生生物に限らない．例えば，土地利用形態は，森林，農地，住宅地，工場，等々に分類される．この利用形態は時とともに，森林が農地になったり，農地が宅地になったり，耕作放棄地に植樹して森林に戻したり，互いに推移する．数年間の推移を調べた結果から，今後，森林面積が増えるのか減るのかデータとモデルに基づき予測し，維持するにはどういう施策が有効か，検討できないだろうか．

本書では，このような疑問に答えるための最も基本的な統計数理の手法を解説する．中心となる手法は，ベクトルと行列を用いる数理モデルと，その要素を推定するための統計学である．

概して数理モデルは高校や大学受験までの数学を超える高度な数学を用いる難解なものと思われるが，本書に必要な数学は，大学1–2年までに習うベクトルと行列（線形代数）に関する内容の一部でしかない．本書では生物種の集団（個体群）に焦点を当てて行列を用いるので，これを「個体群行列モデル (matrix population model)」と呼ぶことにする．この個体群行列モデルの今一つの特徴として，実際のデータとのつながりが見えやすく，十分な実データがあれば上記のような具体的な問題に即使えるという点が挙げられる．仮に不十分なデータしか収集できていない状況でも，統計手法の力を借りることでこの数理モデルは実データとつなげられ，その時点で可能な予測を踏まえた対策を講じられる．

実データと数理モデルが統計手法を通じて現実の問題に対処していく様子を示すことが本書の主な目的である．

第1章では，個体群行列モデルの意義を知るために，具体的な数値を用いて冒頭に挙げた問題を吟味する．そこから見えてくる数学の詳しい解説が第3章と5章と7章である．その前に，第2章では，行列モデルに取り組む以前に必要な，研究対象についての知識とデータについて説明する．また，合間の第4章と6章で，実データと推移行列モデルを結ぶ統計的推定法について，その基本事項を解説する.

2022 年 5 月

島谷健一郎
高田壮則

目 次

4 行列要素の推定法 1 —— 統計モデルと最尤法

5 環境条件の効果を見る 1 —— 感度分析の基礎

6 行列要素の推定法 2 —— ベイズ統計とランダムなサンプル

1 シミュレーションで数式を用いる恩恵を知る

序章に挙げた鳥類AとBの将来を予測する補助にしようと，序章で出てきた数値を表1.1のようにまとめてみた．しかし，こうして数値を整理しても，やはり将来の個体数が増えるのか減るのか，いぜんとして見当がつかないというのが正直なところである．そこで，本章では簡単な数値計算[1]をして手応えを得ることから始める．本章は特別な2例の場合の結果だが，以下の章で順次，個体群行列モデルという数学の枠組みで汎用性をもって扱える様子を見ていく．

[1] 格好良く言うとシミュレーション (simulation)．もっとも，最新のコンピュータを駆使するわけでなく，市販のパソコンや計算ソフトでできる程度のものでしかない．

表 1.1 序章で登場した鳥類AとBに関する数値のまとめ．

鳥類	メスが生む平均卵数	ヒナから成鳥に要する年数	成鳥になるまでの死亡率	成鳥の死亡率
A	3	3	60%	5%
B	6	5	25%	75%

1.1 数値計算による予測

まず鳥類Aについて，ある年の春に成鳥が100羽いたとする．その半数の50羽がメスですべて配偶者を見つけられたとすると，平均3個の卵を産むので全部で150個の卵が産み落とされる．その中の半数がメスとすると[2]，メスのヒナは75羽である．翌年まで生残するメスのヒナは，死亡率が60%なので死なずに生残する割合（生残率）は40%，したがって30羽である．2年目の春には，このさらに40%の12羽，3年目に無事に成鳥となるメスは[3]，そのまた40%の4.8，すなわち約5羽でしかない[4]．

[2] 概して性比はオスメス1対1であることが多い．

[3] 鳥類の多くは2年程度で成鳥になる（＝繁殖できる）．鳥類に詳しい人には興醒めする例かもしれない．ただ，行列を学ぶとき，4行4列くらいの大きさのほうが学びやすいと考え，あえて生物的には現実感に欠ける例にした．

[4] オスメス半数ずつでメスの配偶者探しに支障がないと仮定すると，オスの個体数は考慮しなくてよいことが分かる．以下ではメス数の数だけを考える．

こう考えると悲観的な将来像を描いてしまうが，最初の 50 羽のメスは，その後もその 95%が生残して繁殖を続ける．だから，翌年も 47.5 羽のメスがいて，$47.5 \times 3 \div 2 = 71.25$ 羽のメスのヒナを産む．この 40%の 40%の 40%である 4.56 羽は 5 年目に成鳥に加わる．そして，47.5 羽のメスの 95%は 3 年目にも生残して繁殖するし，そのさらに 95%である $47.5 \times 0.95 \times 0.95 = 42.9$ 羽は 4 年目にも生残し繁殖する．だから，4 年目に生残する成鳥の数は，これに最初ヒナだった 75 羽の中で成鳥になれた約 5 羽を加えた，だいたい 48 羽である．この 48 羽の中で 5 年後まで生残する $47.7 \times 0.95 = 45.3$ 羽に上記の 4.56 羽を加えた約 50 羽が 5 年目の成鳥数である．

1.2 生残・成長と繁殖を図で表す[5]

頭の中だけ，あるいは文章で考えていると何が何だか分からなくなってくるが，図 1.1 のような絵を描くと，この計算の筋道が見えてくる．なお，図 1.1 では，死亡は繁殖後（秋）から翌年の繁殖前（春）の間（冬）にのみ起こり，ヒナを育てている間（夏）には死なないと仮定している[6]．

鳥類 B でも同じような図を描くことで，その将来を調べられそうである．

しかし，一連の計算過程は決して単純でない．また，生残数や最初の個体数などの数値が変わるごとに全部やり直すというので

[5] 第 3 章以降では生残・成長・繁殖の 3 つを個体群動態の基本 3 要素と呼ぶ．なお，本章では生残すると自動的に齢が一つ上がり成長するので，前者 2 要素は同義であるが，第 2 章以降は生残と成長が同義でない例が多くなる．

[6] これは，鳥類 A が実際そうした性質を持っているなら適切な単純化といえるが，そうではないことが分かっているなら不適切な仮定である．もし不明なら，それをある程度知ることが先決となる．なお，夏に 1 羽も死なないことが絶対に必要というわけではない．冬の間の死亡率に比べ十分小さければ，実用上，問題は少ないだろう．

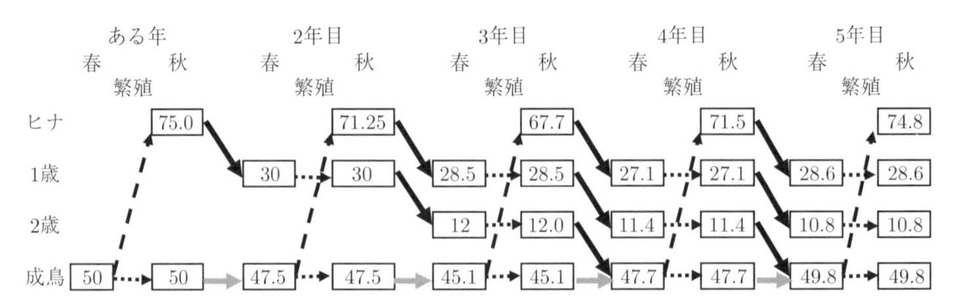

図 1.1　鳥類 A の各齢の個体数が年とともにどう変化するかを表 1.1 に基づいて予測するときの計算過程の図式化．繁殖は破線，生残率 0.4 を実線，生残率 0.95 を灰色，死亡がないと仮定している過程を点線で表示している．

は，はなはだ効率が悪い．こういうとき，数学の記法をうまく活用すると計算過程の見通しをよくできる．さらに，数学の表現を，違う鳥類（当然，生残率や卵の数は違ってくる）を扱うときに単に生残率や卵の数を変えるだけで他の部分は同じ数式が使えるよう柔軟なものにしておくと，たいそう便利なことに違いない[7)]．

[7)] 1.4 節以降でその事例を紹介する．

現象を数学の言葉で書こうとするとたちまち拒否反応を示す人は少なくない．確かに，数学や数学を用いる諸科学（数理科学）の教科書では，いきなり現象を数式で表すものが少なくなく，初学者にとっつきにくいものとなっている．そんなとき，では数式を使わなかったらどうなるか，考えてみることを勧める．もし数式を使わないほうが明瞭に問題を捉えられるなら，その数式は（少なくとも当面は）不要である．でも，数式で統一的に表すほうが後々まで含めて便利である場合も多い．

1.3　生残・成長と繁殖を数式で表す

ある年を t とする．t 年の繁殖後（秋）にいたメスのヒナ（0 歳）の数を $n_0(t)$，1 年を経て 2 年目を迎える 1 歳のメスの数を $n_1(t)$，2 年を経て 3 年目を迎える 2 歳のメスの数を $n_2(t)$ ，成鳥（3 歳以上）の数を $n_3(t)$ とする．これらを縦に並べて

$$\begin{pmatrix} n_0(t) \\ n_1(t) \\ n_2(t) \\ n_3(t) \end{pmatrix} = \begin{pmatrix} t\text{ 年に} \\ \text{おける} \end{pmatrix} \begin{pmatrix} \text{0 歳（ヒナ）の個体数} \\ \text{1 歳の個体数} \\ \text{2 歳の個体数} \\ \text{3 歳以上（成鳥）の個体数} \end{pmatrix} \tag{1.1}$$

のように縦ベクトルで表す（図 1.2 左）．これを t 年における個体数ベクトル (population vector) と呼ぶことにする．

同様に，翌 $t+1$ 年の繁殖後（秋）における個体数ベクトルを

$$\begin{pmatrix} n_0(t+1) \\ n_1(t+1) \\ n_2(t+1) \\ n_3(t+1) \end{pmatrix} \tag{1.2}$$

とする．

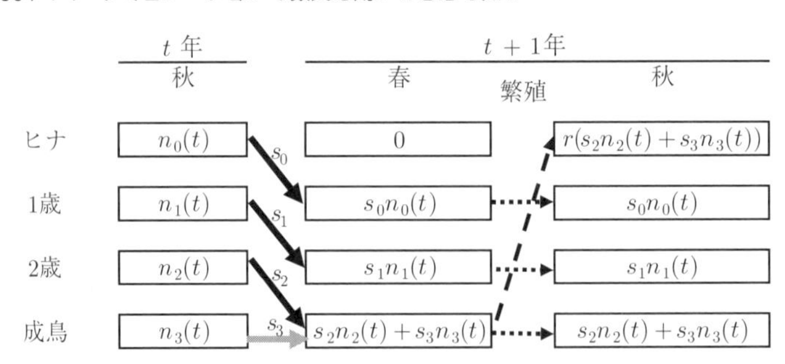

図 1.2 鳥類 A の個体数ベクトルが t 年から $t+1$ 年に変化する様子．図 1.1 と同じで，繁殖は破線，生残率 0.4 を実線，生残率 0.95 を灰色，死亡がないと仮定している過程を点線で表示している．

ヒナが最初の 1 年間に生残する確率（生残率）[8] を s_0，1 歳鳥が 2 歳に至る生残率を s_1，2 歳鳥が 3 歳の成鳥に至る生残率を s_2（鳥類 A では $s_0 = s_1 = s_2 = 0.4$），3 歳以上の成鳥の生残率を s_3（鳥類 A では $s_3 = 0.95$），メスの成鳥 1 羽が生むメスのヒナの数の平均（平均繁殖数）[9] を r とする（鳥類 A では $r = 1.5$）．このとき，$t+1$ 年秋（繁殖後）における各齢のメスの個体数はどう表されるだろう．

まず，春の繁殖前の時点ではまだヒナはいないから，ヒナの数は 0 である．次に，前年にヒナだった $n_0(t)$ 個体の生残率は s_0 で，これらが生残すると 1 歳鳥となるから，$t+1$ 年における 1 歳のメスの数は $s_0n_0(t)$ である[10]．同様にして，2 歳のメスの数は $s_1n_1(t)$ である[11]．一方，成鳥では，2 歳鳥が成長して $s_2n_2(t)$ が新たに成鳥となる．また，前年に成鳥だった $n_3(t)$ のうち，$s_3n_3(t)$ 羽は生残し，成鳥のままである．したがって，$s_2n_2(t) + s_3n_3(t)$ が $t+1$ 年の春における成鳥の数となる．

以上をまとめると，冬の間の生残と齢が一つ増すという過程を経て，翌 $t+1$ 年の春における個体数ベクトルは，

$$\begin{pmatrix} 0 \\ s_0n_0(t) \\ s_1n_1(t) \\ s_2n_2(t) + s_3n_3(t) \end{pmatrix} \tag{1.3}$$

となる（図 1.2 の中央）．

この中の，$s_2n_2(t) + s_3n_3(t)$ 羽の成鳥がそれぞれ平均 r 羽のヒ

8) survival probability, survival．なお，survival は生残という現象と生残率という数値の 2 つの意味を有する．また，率 (rate) は単位時間当たりの頻度の意味に限定する用法もある．本書では確率の意味で生残率を用いる．

9) fecundity．哺乳類では fertility も用いられる．

10) s_0 という割合を掛けたから答が整数でないかもしれない点が気になるかもしれない．これは，あくまで数学の世界において期待される個体数（期待値）であって，必ず $s_0n_0(t)$ 羽になるという意味ではない．

11) これも期待値．

ナを産むから，新たに $r(s_2n_2(t)+s_3n_3(t))$ 羽のヒナが生まれる．1 歳以上の鳥は夏の間は死なないと仮定しているので，$t+1$ 年の秋における個体数ベクトルについて，

$$\begin{pmatrix} n_0(t+1) \\ n_1(t+1) \\ n_2(t+1) \\ n_3(t+1) \end{pmatrix} = \begin{pmatrix} r(s_2n_2(t)+s_3n_3(t)) \\ s_0n_0(t) \\ s_1n_1(t) \\ s_2n_2(t)+s_3n_3(t) \end{pmatrix} \tag{1.4}$$

が成り立つ（図 1.2 右）．

2 年目以降も同様な計算を続けられる．ただ，図 1.1 と同じで，だんだんゴチャゴチャしてきてわけが分からなくなってくる[12]．ところが，行列という数学を用いると，以下のように，単純な式で見通しよく計算を進められる．

まず，式 (1.3) は，ベクトルと行列を用いると，以下のように一つの式で書ける[13]．

$$\begin{pmatrix} 0 \\ s_0n_0(t) \\ s_1n_1(t) \\ s_2n_2(t)+s_3n_3(t) \end{pmatrix} = \begin{pmatrix} 0 & 0 & 0 & 0 \\ s_0 & 0 & 0 & 0 \\ 0 & s_1 & 0 & 0 \\ 0 & 0 & s_2 & s_3 \end{pmatrix} \begin{pmatrix} n_0(t) \\ n_1(t) \\ n_2(t) \\ n_3(t) \end{pmatrix} \tag{1.5}$$

ここで右辺のような，4×4 行列を 4 次元の縦ベクトルに左から掛ける掛け算について復習しておく．まず，結果は 4 次元の縦ベクトルになる．その一番上の成分は，

$$\begin{pmatrix} 0 & 0 & 0 & 0 \\ s_0 & 0 & 0 & 0 \\ 0 & s_1 & 0 & 0 \\ 0 & 0 & s_2 & s_3 \end{pmatrix} \begin{pmatrix} n_0(t) \\ n_1(t) \\ n_2(t) \\ n_3(t) \end{pmatrix}$$

のように，左の行列の一番上の横の並び[14]と縦ベクトルの成分を順に掛けて加える[15]．上から 2 番目の成分は

$$\begin{pmatrix} 0 & 0 & 0 & 0 \\ s_0 & 0 & 0 & 0 \\ 0 & s_1 & 0 & 0 \\ 0 & 0 & s_2 & s_3 \end{pmatrix} \begin{pmatrix} n_0(t) \\ n_1(t) \\ n_2(t) \\ n_3(t) \end{pmatrix}$$

12) 例えば，図 1.2 のさらに右に $t+2$ 年春の成鳥の個体数を入れようとすると，成鳥から生残してくる $s_3(s_2n_2(t)+s_3n_3(t))$ と 2 歳から成長して成鳥となる $s_2s_1n_1(t)$ の和となるが，小さな添え字がたくさんあって注視するに堪えない…….

13) s_0，s_1，s_2 は対角線部分の一つ下，s_3 はちょうど対角線上（対角線の端点）に来ることに注意．

14) 行という．

15) 横の並びの 1 番目の値 0 と縦ベクトルの成分の 1 番目の値 $n_0(t)$ を掛け，次にそれぞれの 2 番目の値（0 と $n_1(t)$）を掛け，順に 4 回の掛け算（残りは $0\times n_2(t)$ と $0\times n_3(t)$）が終わったら，すべての合計を求めることで求められる．つまり，$0\times n_0(t)+0\times n_1(t)+0\times n_2(t)+0\times n_3(t)=0$.

のように行列の 2 番目の並びと縦ベクトルの成分を順に掛けて加える[16)]．4 番目も同様である．なお，一番下の 4 番目の成分のときだけ，

$$\begin{pmatrix} 0 & 0 & 0 & 0 \\ s_0 & 0 & 0 & 0 \\ 0 & s_1 & 0 & 0 \\ 0 & 0 & s_2 & s_3 \end{pmatrix} \begin{pmatrix} n_0(t) \\ n_1(t) \\ n_2(t) \\ n_3(t) \end{pmatrix}$$

を見て分かるように，0 でないもの同士の掛け算が 2 回ある[17)]ので，式 (1.5) 左辺のように足し算を含む式となっている．同じように，式 (1.4) も，やはり 4×4 行列と 4 次元ベクトルの積として，

$$\begin{pmatrix} n_0(t+1) \\ n_1(t+1) \\ n_2(t+1) \\ n_3(t+1) \end{pmatrix} = \begin{pmatrix} r(s_2 n_2(t) + s_3 n_3(t)) \\ s_0 n_0(t) \\ s_1 n_1(t) \\ s_2 n_2(t) + s_3 n_3(t) \end{pmatrix}$$

$$= \begin{pmatrix} 0 & 0 & 0 & r \\ 0 & 1 & 0 & 0 \\ 0 & 0 & 1 & 0 \\ 0 & 0 & 0 & 1 \end{pmatrix} \begin{pmatrix} 0 \\ s_0 n_0(t) \\ s_1 n_1(t) \\ s_2 n_2(t) + s_3 n_3(t) \end{pmatrix} \tag{1.6}$$

と書ける[18)]．

ここでさらに，右辺のベクトルの部分に式 (1.5) という行列とベクトルの積を代入する．

$$\begin{pmatrix} n_0(t+1) \\ n_1(t+1) \\ n_2(t+1) \\ n_3(t+1) \end{pmatrix} = \begin{pmatrix} r(s_2 n_2(t) + s_3 n_3(t)) \\ s_0 n_0(t) \\ s_1 n_1(t) \\ s_2 n_2(t) + s_3 n_3(t) \end{pmatrix}$$

$$= \begin{pmatrix} 0 & 0 & 0 & r \\ 0 & 1 & 0 & 0 \\ 0 & 0 & 1 & 0 \\ 0 & 0 & 0 & 1 \end{pmatrix} \cdot \begin{pmatrix} 0 & 0 & 0 & 0 \\ s_0 & 0 & 0 & 0 \\ 0 & s_1 & 0 & 0 \\ 0 & 0 & s_2 & s_3 \end{pmatrix} \begin{pmatrix} n_0(t) \\ n_1(t) \\ n_2(t) \\ n_3(t) \end{pmatrix} \tag{1.7}$$

右辺は，まず縦ベクトルと真ん中の 4×4 行列を計算し，得られた縦ベクトルと左の 4×4 行列を掛け算する，という意味である．ところで，次式のように左の 2 つの行列の掛け算を先にやる

16) $s_0 \times n_0(t) + 0 \times n_1(t) + 0 \times n_2(t) + 0 \times n_3(t) = s_0 \times n_0(t)$．3 番目，$0 \times n_0(t) + s_1 \times n_1(t) + 0 \times n_2(t) + 0 \times n_3(t) = s_1 \times n_1(t)$.

17) $0 \times n_0(t) + 0 \times n_1(t) + s_2 \times n_2(t) + s_3 \times n_3(t)$.

18) ベクトルと行列の計算に強くない読者は自分で計算して確かめておくことを勧める．

こともできる.

$$
\begin{pmatrix} 0 & 0 & 0 & r \\ 0 & 1 & 0 & 0 \\ 0 & 0 & 1 & 0 \\ 0 & 0 & 0 & 1 \end{pmatrix} \cdot \begin{pmatrix} 0 & 0 & 0 & 0 \\ s_0 & 0 & 0 & 0 \\ 0 & s_1 & 0 & 0 \\ 0 & 0 & s_2 & s_3 \end{pmatrix} \begin{pmatrix} n_0(t) \\ n_1(t) \\ n_2(t) \\ n_3(t) \end{pmatrix}
$$

$$
= \begin{pmatrix} 0 & 0 & 0 & r \\ 0 & 1 & 0 & 0 \\ 0 & 0 & 1 & 0 \\ 0 & 0 & 0 & 1 \end{pmatrix} \begin{pmatrix} 0 & 0 & 0 & 0 \\ s_0 & 0 & 0 & 0 \\ 0 & s_1 & 0 & 0 \\ 0 & 0 & s_2 & s_3 \end{pmatrix} \cdot \begin{pmatrix} n_0(t) \\ n_1(t) \\ n_2(t) \\ n_3(t) \end{pmatrix} \tag{1.7'}
$$

ここで右辺の 4×4 行列と 4×4 行列の掛け算は，結果は 4×4 行列になり，例えばその上から 2 行目左から 3 列目（2 行 3 列目の要素）なら

$$
\begin{pmatrix} 0 & 0 & 0 & r \\ 0 & 1 & 0 & 0 \\ 0 & 0 & 1 & 0 \\ 0 & 0 & 0 & 1 \end{pmatrix} \begin{pmatrix} 0 & 0 & 0 & 0 \\ s_0 & 0 & 0 & 0 \\ 0 & s_1 & 0 & 0 \\ 0 & 0 & s_2 & s_3 \end{pmatrix}
$$

4 行 4 列目の要素なら

$$
\begin{pmatrix} 0 & 0 & 0 & r \\ 0 & 1 & 0 & 0 \\ 0 & 0 & 1 & 0 \\ 0 & 0 & 0 & 1 \end{pmatrix} \begin{pmatrix} 0 & 0 & 0 & 0 \\ s_0 & 0 & 0 & 0 \\ 0 & s_1 & 0 & 0 \\ 0 & 0 & s_2 & s_3 \end{pmatrix}
$$

のように掛けて加える．式 (1.7′) の場合，結果は

$$
\begin{pmatrix} 0 & 0 & 0 & r \\ 0 & 1 & 0 & 0 \\ 0 & 0 & 1 & 0 \\ 0 & 0 & 0 & 1 \end{pmatrix} \begin{pmatrix} 0 & 0 & 0 & 0 \\ s_0 & 0 & 0 & 0 \\ 0 & s_1 & 0 & 0 \\ 0 & 0 & s_2 & s_3 \end{pmatrix}
$$

$$
= \begin{pmatrix} 0 & 0 & rs_2 & rs_3 \\ s_0 & 0 & 0 & 0 \\ 0 & s_1 & 0 & 0 \\ 0 & 0 & s_2 & s_3 \end{pmatrix} \tag{1.8}
$$

となる．そして，式 (1.8) のように左の 2 つの行列の掛け算を先にやって出てきた 4×4 行列を縦ベクトルに掛けても[19]，右の縦ベクトルと行列の掛け算を順にやっても[20]，結果は変わらない．これはベクトルと行列の積について結合律[21] が成立することを意味する[22]．それで，式 (1.8) を式 (1.7) に代入することで，t 年秋から $t+1$ 年秋への個体数ベクトルの生残・加齢（成長）と繁殖を経た変化を，

$$
\text{（}t+1\text{ 年における）}\begin{pmatrix}\text{ヒナの個体数}\\ 1\text{ 歳の個体数}\\ 2\text{ 歳の個体数}\\ \text{成鳥の個体数}\end{pmatrix}
= \begin{pmatrix} n_0(t+1)\\ n_1(t+1)\\ n_2(t+1)\\ n_3(t+1)\end{pmatrix}
= \begin{pmatrix} 0 & 0 & rs_2 & rs_3\\ s_0 & 0 & 0 & 0\\ 0 & s_1 & 0 & 0\\ 0 & 0 & s_2 & s_3\end{pmatrix}
\begin{pmatrix} n_0(t)\\ n_1(t)\\ n_2(t)\\ n_3(t)\end{pmatrix}
$$
$$
= \begin{pmatrix} 0 & 0 & rs_2 & rs_3\\ s_0 & 0 & 0 & 0\\ 0 & s_1 & 0 & 0\\ 0 & 0 & s_2 & s_3\end{pmatrix}
\begin{pmatrix} t\text{ 年に}\\ \text{おける}\end{pmatrix}
\begin{pmatrix}\text{ヒナの個体数}\\ 1\text{ 歳の個体数}\\ 2\text{ 歳の個体数}\\ \text{成鳥の個体数}\end{pmatrix} \tag{1.9}
$$

のように，一つの行列とベクトルの掛け算の形でまとめることができた．なお，式 (1.8) 右辺のように，生残・成長と繁殖を合わせた，t 年から $t+1$ 年への個体群の変化[23] を表せる行列を，本書では個体群行列[24] と呼ぶことにする．また，式 (1.9) のように t 年における個体数ベクトルから $t+1$ 年における個体数ベクトルを導くモデルを個体群行列モデル (matrix population model) という[25]．

19) (1.7′) の右辺．

20) (1.7′) の左辺．

21) 一般に $(a \times b) \times c = a \times (b \times c)$ が成り立つことをいう．

22) 証明は数式を書き下せばできる．ベクトルと行列に関する教科書にそんな長い計算が出ている．

23) 1.3 節の傍注 10) にあるように，式 (1.8) が表しているのは個体数ベクトルの期待値である．この数ピッタリになるというモデルではない．

24) population matrix.

25) 式 (1.9) のようなベクトルと行列で表されるモデルは，広く行列モデル (matrix model) と呼ばれ，数学・工学の分野で使われる推移行列モデル (transition matrix model) やマルコフ推移行列モデル (Markov transition matrix model) もその例である．本書では個体群生態学で使われる行列モデルを扱っているので，個体群行列モデルという言葉を使う．繰り返しになるが，個体数は確率的 (stochastic) に変動し，式 (1.9) が表しているのは期待値である．モデル自体は確率過程 (stochastic process) という数学に属する．

1.4 数式で表現することの恩恵

もちろん，式 (1.9) の単純さは見かけであり，成分で書き下せば式 (1.4) と同じものでしかない．しかし，翌 $t+1$ 年の先の $t+2$ 年，さらに一般の $t+k$ 年での個体数を予測する段になると，式 (1.9) の書き方を使うご利益が表面化してくる．

生残率 (s_0, s_1, s_2, s_3) や平均繁殖数 (r) が毎年変わらないとする[26)]．式 (1.9) を導いたときと同じ論法で $t+2$ 年について

$$\begin{pmatrix} n_0(t+2) \\ n_1(t+2) \\ n_2(t+2) \\ n_3(t+2) \end{pmatrix} = \begin{pmatrix} 0 & 0 & rs_2 & rs_3 \\ s_0 & 0 & 0 & 0 \\ 0 & s_1 & 0 & 0 \\ 0 & 0 & s_2 & s_3 \end{pmatrix} \begin{pmatrix} n_0(t+1) \\ n_1(t+1) \\ n_2(t+1) \\ n_3(t+1) \end{pmatrix} \tag{1.10}$$

という関係式が得られる．この右辺に式 (1.9) を代入し，行列の積の結合律を用いると

$$\begin{aligned} &\begin{pmatrix} n_0(t+2) \\ n_1(t+2) \\ n_2(t+2) \\ n_3(t+2) \end{pmatrix} \\ &= \begin{pmatrix} 0 & 0 & rs_2 & rs_3 \\ s_0 & 0 & 0 & 0 \\ 0 & s_1 & 0 & 0 \\ 0 & 0 & s_2 & s_3 \end{pmatrix} \begin{pmatrix} 0 & 0 & rs_2 & rs_3 \\ s_0 & 0 & 0 & 0 \\ 0 & s_1 & 0 & 0 \\ 0 & 0 & s_2 & s_3 \end{pmatrix} \begin{pmatrix} n_0(t+1) \\ n_1(t+1) \\ n_2(t+1) \\ n_3(t+1) \end{pmatrix} \\ &= \begin{pmatrix} 0 & 0 & rs_2 & rs_3 \\ s_0 & 0 & 0 & 0 \\ 0 & s_1 & 0 & 0 \\ 0 & 0 & s_2 & s_3 \end{pmatrix}^2 \begin{pmatrix} n_0(t+1) \\ n_1(t+1) \\ n_2(t+1) \\ n_3(t+1) \end{pmatrix} \end{aligned} \tag{1.11}$$

となる．以下，同じ計算を続ければ，$t+k$ 年では

$$\begin{pmatrix} n_0(t+k) \\ n_1(t+k) \\ n_2(t+k) \\ n_3(t+k) \end{pmatrix} = \begin{pmatrix} 0 & 0 & rs_2 & rs_3 \\ s_0 & 0 & 0 & 0 \\ 0 & s_1 & 0 & 0 \\ 0 & 0 & s_2 & s_3 \end{pmatrix}^k \begin{pmatrix} n_0(t) \\ n_1(t) \\ n_2(t) \\ n_3(t) \end{pmatrix} \tag{1.12}$$

となる．

今日，さまざまな数学や統計のソフトが市販，あるいはネットから手軽に入手できる．その大半が，決められた文字列[27)]と行列やベクトルの成分の数値をキーボードで入力[28)]すれば行列の計算もしてくれる．だから，生残率[29)]，平均繁殖数，ある年での個体数ベクトルさえ与えられれば，それらを入力するだけで，パソコ

26) さりげなく書かれたこの仮定を非現実的と感じるかもしれない．実際のところ，年ごとの気温や降水量，さらには人間活動などにより，生残率は変化するのが自然である．この点については，4.10 節で簡単に触れる．

27) コマンドなどと呼ばれ，今日では通常キーボードから入力する．いわゆるコンピュータ言語の入力によってコンピュータに命令を与える．計算ソフトによってはマウスでクリックすることで計算を命令できる．便利だが，コンピュータ言語で命令している実感を伴わない．それはプログラミングに関する理解を遅らせてしまうかもしれない．

28) キーボードから命令することが普及する以前は，パンチ穴の開いた紙（テープ）を読ませることで命令した時代もあった．

29) 一般には成長という要素も必要．今の例では成長＝加齢＝生残なので不要．

ンで手軽に k 年目の予測ができる．

鳥類 A について，式 (1.12) を書き下してみる．それには，$s_0 = s_1 = s_2 = 0.4$，$s_3 = 0.95$，$r = 1.5$ を代入すればよく，

$$\begin{pmatrix} n_0(t+k) \\ n_1(t+k) \\ n_2(t+k) \\ n_3(t+k) \end{pmatrix} = \begin{pmatrix} 0 & 0 & 0.6 & 1.425 \\ 0.4 & 0 & 0 & 0 \\ 0 & 0.4 & 0 & 0 \\ 0 & 0 & 0.4 & 0.95 \end{pmatrix}^k \begin{pmatrix} n_0(t) \\ n_1(t) \\ n_2(t) \\ n_3(t) \end{pmatrix} \tag{1.13}$$

となる．さらに，図 1.1 のときと同じように当初はメスの成鳥は 50 羽とすると $n_0(t) = 75$, $n_1(t) = n_2(t) = 0$，$n_3(t) = 50$ だから，

$$\begin{pmatrix} n_0(t+k) \\ n_1(t+k) \\ n_2(t+k) \\ n_3(t+k) \end{pmatrix} = \begin{pmatrix} 0 & 0 & 0.6 & 1.425 \\ 0.4 & 0 & 0 & 0 \\ 0 & 0.4 & 0 & 0 \\ 0 & 0 & 0.4 & 0.95 \end{pmatrix}^k \begin{pmatrix} 75 \\ 0 \\ 0 \\ 50 \end{pmatrix}$$

となる．

図 1.3 は，鳥類 A の個体数ベクトルについての 50 年目までの予測である[30]．図 1.1 のような計算を 1 年 1 年やらなくても，数学や統計のソフトを使えば，単に行列の k 乗を計算させる文字列（コマンド）をタイプするだけで，100 年目でも 1000 年目でも一瞬で計算できてしまうのである[31]．

図 1.3 を見ると，いくつか気づく点がある．まず，(a) は各齢の個体数の変動，(b) はそれらを相対頻度に変換したグラフである．先に (b) の相対頻度[32]，を見てみる．最初は成鳥とヒナだけという現実には起こりにくい個体数ベクトルから始めたが，5 年程度で 1 歳や 2 歳も含めてある一定の割合となり，その後はほとんど変化していない．(a) の総個体数では，t 年で計 125 羽だったものが $t + 1$ 年では 148.75 羽と，1.19 倍に増えている．$t + 1$ 年から $t + 2$ 年で同じように計算すると 1.031 倍，$t + 2$ 年から $t + 3$ 年では 1.028 倍，$t + 3$ 年から $t + 4$ 年では 1.041 倍と変動しながら増加する．ところが，その後はほとんど同じ 1.039 倍で増えている．そしてそれが 50 年も続くと 951.3 羽と，最初の 10 倍以上の個体数に膨れ上がっている．

同じように鳥類 B についても，生残・成長（加齢）と繁殖とい

30) 図 1.3c では，手元に行列計算を行う計算ソフトを持っていない人のために，表計算ソフト Excel による計算法も紹介しておく．ただ，表計算ソフトは行列計算には不向きで，実際，図 1.3c, d では図 1.1 や図 1.2 の計算をそのまま実行しており，行列という数学を使う恩恵を受けていない．

31) 図 1.3c の左のほうに見えるように，Excel の画面では行列という数学が表になってそのまま見られる．一方，計算ソフトの多くは行に分けて入力したりするため（第 5 章 Box 5.1 にその例がある）最初は取っつきにくい．しかし，いざ計算をさせる段になると人の目に見にくい入力のほうが適している．こんな感覚を抱くこともパソコンを利用する数学や統計学を実践する上で肝要である．

32) 各齢の個体数を総個体数で割ったもので，式で書くと $n_0(t)/(n_0(t) + n_1(t)+n_2(t)+n_3(t))$ など．なお，これら 4 つを足すと 1 になる．

(a)

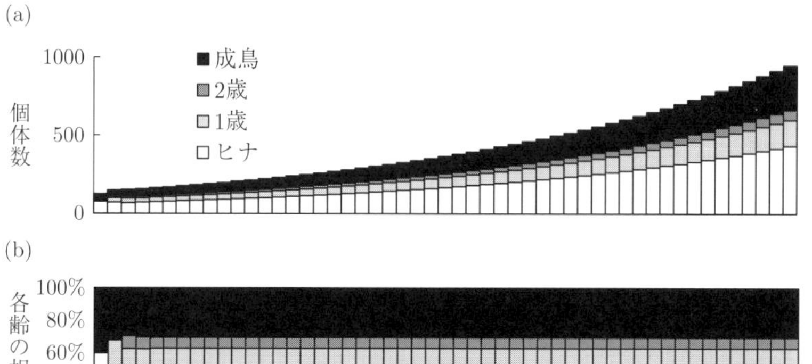

(b)

各齢の相対頻度

100%
80%
60%
40%
20%
0%

t $t+10$ $t+20$ $t+30$ $t+40$ $t+50$

(c)

	A	B	C	D	E	F	G	H	I
1		推移行列				年			
2		ヒナ	1歳	2歳	成鳥	t	$t+1$	$t+2$	$t+3$
3	ヒナ	0	0	0.6	1.425	75	71.3	67.7	71.5
4	1歳	0.4	0	0	0	0	30.0	28.5	27.1
5	2歳	0	0.4	0	0	0	0.0	12.0	11.4
6	成鳥	0	0	0.4	0.95	50	47.5	45.1	47.7
7					合計	125	148.8	153.3	157.6
8	繁殖数		1.5		前年との比		1.19	1.031	1.028

…

BA	BB	BC	BD
年			
t+47	$t+48$	$t+49$	$t+50$
385.6	400.6	416.2	432.4
148.5	154.2	160.3	166.5
57.2	59.4	61.7	64.1
257.1	267.1	277.5	288.3
848.3	881.4	915.7	951.3
1.039	1.039	1.039	1.039

(d)

	D	E	F	G
2	2歳	成鳥	t	$t+1$
3	=C8*D6	=C8*E6	75	=$B3*F$3+$C3*F$4+$D3*F$5+$E3*F$6
4	0	0	0	=$B4*F$3+$C4*F$4+$D4*F$5+$E4*F$6
5	0	0	0	=$B5*F$3+$C5*F$4+$D5*F$5+$E5*F$6
6	0.4	0.95	50	=$B6*F$3+$C6*F$4+$D6*F$5+$E6*F$6
7		合計	=SUM(F3:F6)	=SUM(G3:G6)
8		前年との比		=G7/F7

図 1.3 (a) 鳥類 A の個体数ベクトルの 50 年目までの予測．(b) (a) を各齢の相対頻度に直したグラフ．(c) (a)–(b) のグラフの元になった数値．(d) (c) のような数値を表計算ソフト Excel で行うときの，(c) で黒枠で囲まれたセルの入力例．セル G3 を入力したらコピーし下に 4 行，右へ 50 列貼り付ける．セル F7 を入力したらコピーし右へ列 BD まで貼り付ける．セル G8 を入力したらコピーし列 BD まで貼り付ける．

う過程を経た個体数の変化をベクトルと行列で表してみる．こっちは，6 年目に成鳥になるため，個体数ベクトルは縦に 6 次元，行列は縦に 6 行，横に 6 行となる．また，鳥類 A と同じようにヒナの半分がメスとすると，平均繁殖数は $r = 3$ となる．

まず，秋から翌年春にかけての生残・加齢の部分の行列と春から秋にかけての繁殖の部分の行列は，それぞれ

$$\begin{pmatrix} 0 & 0 & 0 & 0 & 0 & 0 \\ 0.75 & 0 & 0 & 0 & 0 & 0 \\ 0 & 0.75 & 0 & 0 & 0 & 0 \\ 0 & 0 & 0.75 & 0 & 0 & 0 \\ 0 & 0 & 0 & 0.75 & 0 & 0 \\ 0 & 0 & 0 & 0 & 0.75 & 0.25 \end{pmatrix}, \quad \begin{pmatrix} 0 & 0 & 0 & 0 & 0 & 3 \\ 0 & 1 & 0 & 0 & 0 & 0 \\ 0 & 0 & 1 & 0 & 0 & 0 \\ 0 & 0 & 0 & 1 & 0 & 0 \\ 0 & 0 & 0 & 0 & 1 & 0 \\ 0 & 0 & 0 & 0 & 0 & 1 \end{pmatrix}$$

となる．両者の積である個体群行列は

$$\begin{pmatrix} 0 & 0 & 0 & 0 & 2.25 & 0.75 \\ 0.75 & 0 & 0 & 0 & 0 & 0 \\ 0 & 0.75 & 0 & 0 & 0 & 0 \\ 0 & 0 & 0.75 & 0 & 0 & 0 \\ 0 & 0 & 0 & 0.75 & 0 & 0 \\ 0 & 0 & 0 & 0 & 0.75 & 0.25 \end{pmatrix} \tag{1.14}$$

なので，鳥類 A における式 (1.13) に対応する式は鳥類 B では

$$\begin{pmatrix} n_0(t+k) \\ n_1(t+k) \\ n_2(t+k) \\ n_3(t+k) \\ n_4(t+k) \\ n_5(t+k) \end{pmatrix} = \begin{pmatrix} 0 & 0 & 0 & 0 & 2.25 & 0.75 \\ 0.75 & 0 & 0 & 0 & 0 & 0 \\ 0 & 0.75 & 0 & 0 & 0 & 0 \\ 0 & 0 & 0.75 & 0 & 0 & 0 \\ 0 & 0 & 0 & 0.75 & 0 & 0 \\ 0 & 0 & 0 & 0 & 0.75 & 0.25 \end{pmatrix}^k \begin{pmatrix} n_0(t) \\ n_1(t) \\ n_2(t) \\ n_3(t) \\ n_4(t) \\ n_5(t) \end{pmatrix} \tag{1.15}$$

となる．

t 年には成鳥だけが 30 羽いて 90 羽のヒナが孵化したとすると，t 年秋の個体数ベクトルとして $n_0(t) = 90$, $n_1(t) = n_2(t) = n_3(t) = n_4(t) = 0$, $n_5(t) = 30$ から始めてみる[33]．

図 1.4(a) は，式 (1.15) で与えられる $t+k$ 年での個体数ベクトルの 100 年目までの変化で，(b) は各齢の相対頻度[34] である．当

33) 鳥類 B では行と列が 6 つもあり Excel での計算は苦しい．以下では数学ソフト Mathcad で行った計算の結果を示す．

34) 各成分を成分の和で割った．

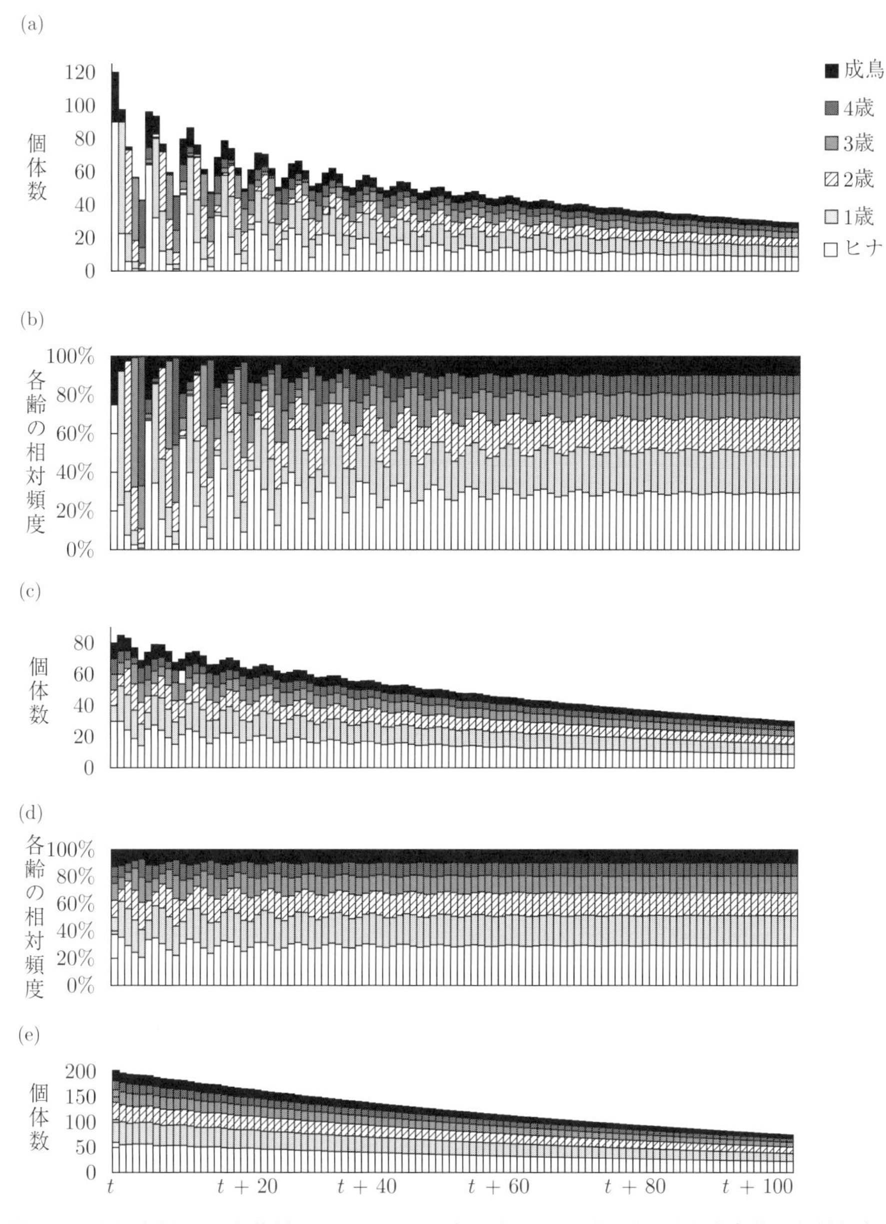

図 1.4　(a) 鳥類 B の個体数ベクトルの 100 年目までの予測．(b) (a) を各齢の相対頻度に直したグラフ．(c)–(d) 最初の個体数ベクトルを，1 歳から成鳥まで 10 羽ずつとした場合の，100 年目までの個体数ベクトル (c) と各齢の相対頻度 (d) の予測．(e) 最初の個体数ベクトルを，ヒナから 4 歳まで生残率 0.75 に従って減らした場合の，100 年目までの個体数ベクトルの予測．

初，各齢の個体数も相対頻度も振動しているが，100 年目には，後者はだいたい一定になり，前者はほぼ同じ倍率（だいたい 0.99）で減少するようになっている[35)]．初期の大きな振動は，最初，成鳥とヒナしかいないという状況から始めたためもあるだろう．翌 $t+1$ 年にはヒナの 3/4 が 1 歳，$t+2$ 年にはその 3/4 が 2 歳となる．一方，成鳥は翌年には 1/4 に減ってしまうため，ヒナも 1/4 に減ってしまう．成鳥は毎年 1/4 しか生残しないので，$t+4$ 年には $(1/4)^4 = 0.4\%$, つまり 0.12 羽しか残っていない．しかし，t 年に生まれた 90 羽のヒナの $(3/4)^5 = 21.4$ 羽が 5 年目に成鳥となる．その後も 5 年ごとに成鳥が増える傾向は残る．しかし，徐々に 1 歳–4 歳がある程度の個体数を占めるようになり，当初のような振動は消えていく．

35) ここでは実際に前年の個体数との比を求めることでだいたい一定の 0.99 で減ることを調べないといけない．第 3 章では図から減少が一定の率であることを知る方法を示す．

最初成鳥とヒナしかいないというのはかなり不自然なので，t 年の個体数ベクトルを，1 歳から成鳥まで 10 羽ずつとしてみる[36)]．すると，図 1.4c のように，当初はやはり振動している感じであるが，$t+50$ 年には各齢の相対頻度はほぼ一定に落ち着く（図 1.4d）．個体数もほぼ一定の割合で減少している（図 1.4c）．この減少の仕方が (a) と似ているので，試しに両者の倍率を比べてみると，どちらもほぼ 0.99 となっている．

36) ヒナは成鳥 10 に繁殖数の 3 を掛けた 30．

成鳥の個体数を 20，ヒナを 60，1 歳から 4 歳までを生残率 0.75 に従って減らして 45, 34, 25, 18 としてみる．すると，図 1.4e のように，$t+5$ 年くらいから倍率はほぼ一定となり，かつ，やはり 0.99 である．さらに，以上 3 つの異なる個体数ベクトルから始めたときの $t+100$ 年の相対頻度を比べてみる．すると図 1.5a のように，ほぼ同じである．

全く異なる個体数ベクトルから始めたから，当然，個体数の変動は異なってくる．ところが，それは当初のうちだけで，100 年目には，どの場合も同じような相対頻度になっている（図 1.5a）．

これは単なる偶然だろうか．もっと別の個体数ベクトルから始めたら，全然違う挙動が 100 年目 200 年目も続くのだろうか．

鳥類 A（図 1.3）に戻り，今度は生残率と繁殖数を変えてみる．ヒナから成鳥までの生残率を 0.4 から 0.2 に減らし，成鳥の生残率を 0.95 から少し上げて 0.96 とし，繁殖数を 1.5 から 4 に増やし，最初の個体数ベクトルを，ヒナは 40，他は 20 とした[37)]．すると，個体数は毎年 0.992 の倍率で減少していき，100 年後の相

37) 図 1.3c–d の Excel シートで計算する場合，セル B4, C5, D6 に 0.2，セル E6 に 0.96，セル C8 に 4，セル F3 に 40，セル F4, F5, F6 に 20 を入力する．こうした計算が，セルのクリック，新しい数値の入力，Enter キーを押す，の 3 つで完了する．Excel を用いるシミュレーションの一つの利点である．

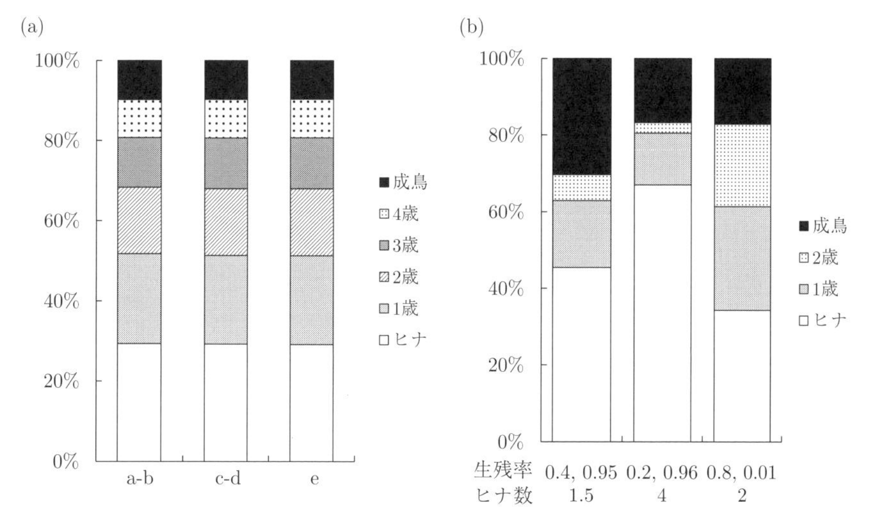

図 1.5 (a) 3 つの異なる個体数ベクトルから始めたときの鳥類 B の個体数ベクトルの 100 年目における各齢の相対頻度の予測値．対応する図 1.4 の番号を軸の下に示した．(b) 3 つの異なる生残率と繁殖数の組み合わせのときの，鳥類 A の個体数ベクトルの 100 年目（左と中央）と 1000 年目（右）の各齢の相対頻度の予測値．

対頻度は図 1.5b 中央のように，図 1.3 のとき（図 1.5b 左に再掲）と大きく異なっている．あるいは，成鳥の生残率をぐっと下げて 0.01 とし，成鳥になるまでの生残率を大幅に上げて 0.8 とし，成鳥が生むメスのヒナの数を 2 に上げてみる．すると，100 年を経てもまだ相対頻度も倍率も変動を続けるが，500 年 700 年を経てほぼ安定し，前年の総個体数との比は 1.01，相対頻度は図 1.3 とも先ほどの例とも異なる図 1.5b 右のようになった[38)]．

38) 1000 年シミュレーションについては，数学ソフト Mathcad を用いて計算した結果を図 1.5b 右に示した．

こうした数値計算をしていると，生残率や平均繁殖数が同じなら個体数ベクトルの最初がどうであれ，長い年月の間に同じ倍率となり，かつ，各齢の相対頻度はほぼ一定となるという法則があるように思えてくる．一方，生残率や平均繁殖数を変えると，倍率や各齢の相対頻度は違ってくるように思えてくる．

もし常にこれが成り立ち，それを保証する数学があるなら，こうした結果はいちいち数値計算しなくても，数学の結果を使って，生物集団の将来予測に取り入れられる．さらに，もし，生残率や平均繁殖数から倍率や安定的な各齢の相対頻度を何らかの数学の公式を使って計算できるなら，絶滅しそうかどうか，増えすぎて困ることはないか，生残や繁殖のデータから即，検証することができる[39].

現実問題にもう1歩踏み込んだ考察をしてみる．例えば序章で投げかけたように，鳥類Aについて，ヒナや成鳥になるまでの生残率と，成鳥の生残率と，どちらがこの集団の増殖にとって重要だろう．最初の数値では，数年を経て1.039の倍率で増えていった．仮に成鳥の生残率が0.95の1%増である $0.95 \times 1.01 = 0.9595$ に増えたとすると[40]，倍率は数年を経て1.047に増えた．一方，成鳥以前の生残率が $0.4 \times 1.01 = 0.404$ に増えたとすると[41]，数年を経た倍率は1.041に微増した．だからもし，生残率を1%上げるのに同じくらいの苦労を強いられるなら，成鳥の生残率を増やす施策をとるほうが効果的といえる．

こんな予測も行列で書いたおかげで，いったん計算ソフトのコマンドを書いたら，あとは数値の部分を取り換えるだけでできてしまうのである[42]．なお，こうした生残率などの変化に対して倍率がどう変化するか，上記では1%変化させたが，現実問題，ある施策が成鳥やヒナの生残率を何%増やす結果をもたらすか，予想できないのが普通である．そんなとき，何らかの数学の定理や公式で増やす効果の程度を見積もれるなら，そのほうがもっと役に立つ[43]．こうした数学を進める前に，次章ではいったん，現実の生物に戻り，実際のデータに基づいて個体群行列モデル (matrix population model) を作ることを試みる．その中で，現実の生き物の生活史，入手可能なデータ，個体群行列モデルという数学，の3者を統合して現実の問題に対処する様子を見ることにする．

39) これが第3章の内容.

40) セルE6に=0.95*1.01を入力しセルBD8の数値を見る.

41) セルB4, C5, D6に=0.4*1.01を入力しセルBD8の数値を見る.

42) 本章で行ったシミュレーションは個体数ベクトルの期待値に関するものだった．個体数の変動を調べる個体群生態学では，行列モデルという確率過程のモデルが含有する確率的変動を生かして，個体数という0以上の整数の変動をシミュレーションで調べるほうが普通である．本章であえて期待値のシミュレーションを示したのは，第3章で固有値と固有ベクトルという数学に関する理解を助けるためである.

43) これが第5章の内容.

2 生物集団の野外調査データと生活史の図式化

本章では，序章や 1 章で 0.4 とか s_1 とかで与えられていた行列の要素を，実際のデータからどう算出するか，基本的な考え方といくつかの問題点を紹介する．

2.1 齢ごとの生残率の個体群行列

本書は，「死亡率 60%の鳥類 A」の話題から始まっている．ところで，この 60%という数値は，どうすれば分かるのだろう．

ある程度の数の個体を生まれたときから継続して長期間調査を続けられれば，齢[1] ごとの生残を追跡できる．ある年に生誕した全 n_0 個体の中で翌年まで生残したのが n_1 個体だったなら，0 歳から 1 歳にかけて生残した割合は $s_0 = n_1/n_0$ である（図 2.1）．生残した n_1 個体のうち 2 年目まで生残したのが n_2 個体だったな

[1] 第 1 章からずっと年齢を考えているが，生誕から繁殖まで短い種では月齢や日齢などを考える．以下でも年齢で記述している部分は別な単位の齢に直してかまわない．

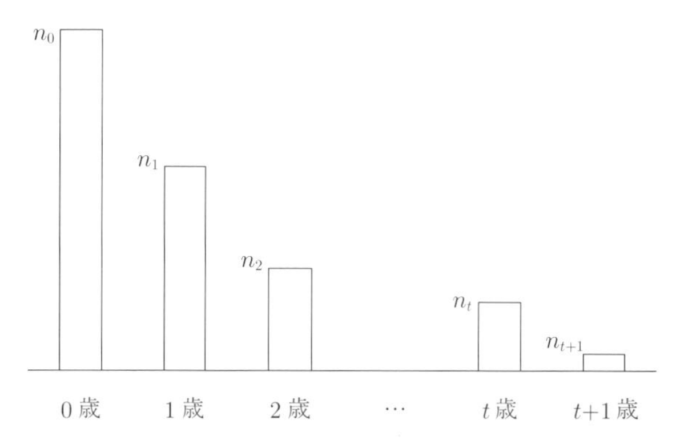

図 2.1　齢の分かっている個体の生残を追えれば，生残個体数の割り算で各齢における生残率を求められる．

ら，1歳から2歳にかけて生残した割合は $s_1 = n_2/n_1$ である．一般に，k 年目まで生残した n_k 個体のうち $k+1$ 年目まで生残したのが n_{k+1} 個体だったなら，k 歳から $k+1$ 歳にかけて生残した割合は $s_k = n_{k+1}/n_k$ である．これを，k 歳個体の $k+1$ 歳に至る生残率[2] とする．これらを用いれば，K 歳まで生きられる生物の生残して齢が一つ増える過程は[3]，式 (1.3) を (1.5) に書き直したときと同じように考えることで，行列の部分だけを取り出すと以下のようになる．

$$\begin{pmatrix} 0 & 0 & 0 & \cdots & 0 & 0 \\ s_1 & 0 & 0 & \cdots & 0 & 0 \\ 0 & s_2 & 0 & \cdots & 0 & 0 \\ \vdots & \vdots & \ddots & \ddots & \vdots & \vdots \\ 0 & 0 & 0 & \ddots & 0 & 0 \\ 0 & 0 & 0 & \cdots & s_{K-1} & s_K \end{pmatrix} \tag{2.1}$$

2) 厳密にはその推定値．データを割り算して得られる割合と確率の違いについては 4.12 節で解説する．

3) 繁殖の部分は 4.13 節で考える．

なお，生物種の寿命の限界（今の場合 K）はなかなか分かるものでない．K 歳以降の生残率（や繁殖数）に変化がないと仮定して構わないなら，K 歳以上をすべてまとめてしまえばよい[4]．実際，第1章の例では3歳あるいは6歳から上はすべて成鳥としてひとまとめにしていた．

4) こうした仮定が好ましくない結果をもたらす場合の研究も進められているが，本書ではこれ以上深追いしない．

行列の大半は0で，それらは確率0を意味するが，それは例えば2歳の個体が翌年5歳になることはないし，4歳の翌年に2歳にはなり得ないゆえの確率0である．

実験室などで飼育している個体なら，各個体の齢を把握しておけば単純な割り算で齢ごとの生残率を計算できる．しかし，野外環境における生物では異なる齢の個体が混ざっていることが普通である．その場合，確実なのは，個体に標識を付けて識別し，個体ごとに生誕からの生死と成長を追跡調査する[5] というものである．以下では，野外環境でも個体識別調査が比較的容易な植物の場合を紹介する[6]．

5) モニタリングと呼ばれる調査法の一つ．

6) 植物は根を張ったら動かない（固着性）というのが個体識別調査が比較的容易な理由である．

2.2 オオウバユリとその生活史

図 2.2 はそんなデータの例で，北海道のオオウバユリ[7] という

7) 学名は *Cardiocrinum cordatum*.

個体番号	生誕年	0年目	1年目	2年目	3年目	4年目	5年目	6年目	7年目	8年目	9年目	10年目	11年目	12年目	13年目
1	1994	SD	1	---	1	1	1	1	1	1	2	2	3	3	不明
2	1995	SD	---	1	1	1	1	1	2	2	3	6	F	死亡	
3	1995	SD	1	1	1	1	1	1	2	2	4	5	F	死亡	
4	1995	SD	1	1	1	1	1	1	1	3	3	5	F	死亡	
5	1994	SD	---	---	1	1	1	1	1	1	2	2	死亡		
6	1994	SD	1	---	1	1	2	2	3	7	F	死亡			
7	1994	SD	1	1	1	1	2	2	4	7	F	死亡			
8	1994	SD	1	---	1	1	1	1	2	3	6	死亡			
9	1994	SD	1	---	1	1	1	1	1	1	1	死亡			
10	1997	SD	1	1	1	2	2	3	4	6	F	死亡			
11	1994	SD	1	1	1	1	2	2	4	F	死亡				
12	1995	SD	1	1	---	1	1	2	3	6	死亡				
13	1999	SD	1	1	1	2	2	3	F	死亡					
14	1999	SD	1	1	1	2	3	2	2	不明					
15	1999	SD	1	1	1	1	1	2	4	不明					
16	1999	SD	1	---	1	1	2	1	死亡						
17	2006	SD	1	1	1	1	不明								
18	2007	SD	1	1	1	1	死亡								
19	2006	SD	1	1	死亡										
20	2007	SD	1	1	不明										
21	2006	SD	1	不明											
22	2000	SD	死亡												
23	2001	SD	死亡												

図 2.2　生誕から追うことのできたオオウバユリ個体のモニタリングデータ例．表中，4 列目以降の数値は葉の枚数．文字列 SD は当年生実生，F は開花．—はその年地上部を確認できなかったが翌年生残を確認できた個体．最後が「不明」となっているのは翌年の調査がまだだったため生死が分かっていない個体．ただしこの植物では開花個体は必ず死亡するので，調査していなくても F の次は「死亡」を入力した．

草本の，1994 年から 2006 年までの 13 年間にわたる調査結果の一部である．

オオウバユリという草本は，1 m を超す高さで花を咲かせるから目にしたことのある読者も多いかもしれない．しかし，発芽した直後[8] は花を咲かせている姿とは似ても似つかぬ様相である．オオウバユリは，春から夏にかけて発芽し，ひょろりとした緑の細い葉が 1 枚（図 2.3a），顔を出す．この 0 歳個体[9] は，6 月頃にはしおれて消えてしまう．地上からは枯れて死んだように見えるが，地下部は生きていて根を伸長させている[10]．翌春，1 枚の[11] 葉を持つ草本となって再び地上に顔を出す（図 2.3b 左端）．

この 1 枚葉のオオウバユリも秋にはしおれて消えてしまう．しかし地下部はさらに伸長しており[12]，翌年また葉を付けた草本として地上に現れる．

何年かこれを繰り返すと，葉が 2 枚になる（図 2.3b）．それがさらに 3 枚（図 2.3b）になり 4 枚（図 2.3c）になり，さらには 6 枚や 7 枚になる．そしてある年，葉を付けている茎とは別に新た

8) 当年生実生 (current-year-seedling) という．

9) 植物の齢をどう決めるか，厳密な決まりがあるわけではない．種子の結実をもって生誕と見なすなら，それは前年の夏から秋である．本章では，発芽した年の個体に齢 0 を当てる．

10) 地下部も死んでしまう個体もある．

11) 当年生実生の細い葉とは見た目で明瞭に異なる．

12) 1 年の間で地下部もろとも死んでしまう個体もいる．

図 2.3 オオウバユリの生活史．(a) 当年生実生．野外の写真では識別しにくいので実験室のものを示す．(b) 左端：1 枚葉，中央 4 つ：2 枚葉，右端：3 枚葉．(c) 4 枚葉個体．(d) 開花個体．

に花を付ける茎[13]を地上に出してぐいぐい伸ばし，花を咲かせる（図 2.3d）．そして，この 1 回の開花で地下部も含めて個体は死亡する[14]．

生まれたときから同じ個体を継続的に調査するには，個体ごとに標識を付けて識別することが望まれる．ただ，地上部の葉や茎に標識を付けても秋にはしおれてしまうので翌年の識別に使えない．一方，地下部は生残し，植物は動かないので，翌年もほぼ同じ所に地上部を出す．そこでこのモニタリング調査では，地上部の出ているあたりに標識を挿して個体識別した．図 2.2 の調査地では，毎年 5 月後半に 1 日を費やして，5 m 四方の調査地の中の全個体について，葉の枚数を記録し，また，葉の大きさにも変異があるので（図 2.3b）葉の長さ（葉が 2 枚以上ある場合はその最大のもの）を測った．また，その年に生まれた 0 歳個体は SD[15]と記録した[16]．開花個体[17]は F[18]と記録した．

標識の立っている所にオオウバユリがなかったら，死亡したように見える．しかし，実際に調査を始めてみると，ある年にいなかったのに翌年は復活したという個体にしばしば出会う．おそらく，調査後に地上部を出したか，調査日前に地上部はしおれて消えたか，あるいは地上部を出さなかった[19]のであろう．そこで，地

13) 花茎という．

14) 1 回繁殖型植物 (monocarpic plant) という．中には地下部でクローン繁殖する個体もいるが本書では取り上げない．

15) seedling の略号．

16) 場所によってたくさんの当年生実生が固まって出ている場所があり，1 本 1 本識別して標識を立てるのが困難な場合もあった．そのときは群生している中または近くに標識を立て，当年生実生の数を記録した．多くの場合，翌年も地上部を出すのはその中のごく一部で，そんな数が減った状態から個体識別を始めた．

17) 5 月末だとまだ花茎が伸長中のものも多く，途中で折れたりするかもしれないから開花という表現は必ずしも正確ではない．花茎を出した個体とでも呼ぶべきなのだろう．

18) flower の略号．

19) しかし地下部は生きたまま．

上部がなくても標識は残し，しかし2年続けて地上部がいなかったら死亡と判定した[20]．図2.2では，地上部がいなかったが翌年復活した個体には—という記号を入れてある．

なお，このデータは2006年までなので，この時点で生きていた個体について，2007年にどうなったか分からない[21]．

このデータから，齢ごとに翌年まで生残した個体数と死亡した個体数を求めて生残した割合を計算していけば，行列(2.1)を作ることができる[22]．データの中の最長寿は12歳だが，12歳の1個体の翌年の情報がないので13歳への生残率を求められない．こうした場合，やむを得ない措置の一つが，生残率が計算できるようある程度上の齢をひとまとめにしてしまうというものである．今の場合，例えば9歳以上をひとまとめにして生残して齢が一つ推移した個体数を計算してみると，表2.1のようになった．

[20] こうした特性は種によって違うし，同じ種でも場所によって違ったりする．野外調査の方法というものは，その種の特性を知らないと決められない．種特性があまり知られていない場合，調査を始めて数年を経て初めて適切なモニタリングの方法が確立する．

[21] 2006年に開花していたら2007年には死亡することは分かる．

[22] この作業は決して容易ではない．Excelの計算機能を用いて算出してもいいし，別な計算ソフトを用いてもよい．ここでは計算法の詳細は割愛し，結果だけを示す．

表 2.1 図2.2に一部を示しているデータを齢ごとに分けて，生残して一つ加齢した個体数と死亡した数を数えた．個体数の少ない9歳以上はひとまとめにした．

	0歳	1歳	2歳	3歳	4歳	5歳	6歳	7歳	8歳	9歳以上
0歳	0	0	0	0	0	0	0	0	0	0
1歳	1289	0	0	0	0	0	0	0	0	0
2歳	0	513	0	0	0	0	0	0	0	0
3歳	0	0	340	0	0	0	0	0	0	0
4歳	0	0	0	247	0	0	0	0	0	0
5歳	0	0	0	0	166	0	0	0	0	0
6歳	0	0	0	0	0	128	0	0	0	0
7歳	0	0	0	0	0	0	101	0	0	0
8歳	0	0	0	0	0	0	0	34	0	0
9歳以上	0	0	0	0	0	0	0	0	20	27
死亡	2145	570	113	82	56	32	14	9	6	10
合計	3434	1083	453	329	222	160	115	43	26	37

合計で割って割合に直すことで，以下の行列を得る．

$$\begin{pmatrix} 0 & 0 & 0 & 0 & 0 & 0 & 0 & 0 & 0 & 0 \\ 0.375 & 0 & 0 & 0 & 0 & 0 & 0 & 0 & 0 & 0 \\ 0 & 0.474 & 0 & 0 & 0 & 0 & 0 & 0 & 0 & 0 \\ 0 & 0 & 0.751 & 0 & 0 & 0 & 0 & 0 & 0 & 0 \\ 0 & 0 & 0 & 0.751 & 0 & 0 & 0 & 0 & 0 & 0 \\ 0 & 0 & 0 & 0 & 0.748 & 0 & 0 & 0 & 0 & 0 \\ 0 & 0 & 0 & 0 & 0 & 0.8 & 0 & 0 & 0 & 0 \\ 0 & 0 & 0 & 0 & 0 & 0 & 0.878 & 0 & 0 & 0 \\ 0 & 0 & 0 & 0 & 0 & 0 & 0 & 0.791 & 0 & 0 \\ 0 & 0 & 0 & 0 & 0 & 0 & 0 & 0 & 0.769 & 0.730 \end{pmatrix} \quad (2.2)$$

2.3　齢ごと生残率の問題点

ところが，こんな計算をしていて，いくつかの問題にハタと気づく．

まず，このオオウバユリという種の場合，開花したら翌年には死亡するが，同じ齢でも開花しなければ翌年も生残する可能性が高い．こうした種の特性を考慮せず，齢だけ考えて，開花した後の死亡と開花しなかった後の死亡を一緒にして齢ごとの生残率を算出していいものだろうか．

また，この同じ 9 歳でも図 2.2 の中で葉が 1 枚のものから 6 枚のものまであるし，開花個体もいる．別の齢で見ても，同じように，齢は同じでも相当に異なった状況を示す．齢を重ねていても葉 1 枚の小さな個体は見た目にも弱々しく，実際，翌年地上部を出さずに死んでしまう個体も見られる．一方，齢に関係なく，4 枚も葉を付けていると，翌年も生残してさらに葉を増やすか，開花に至る個体が多そうである．それらを平均した生残率に意味があるのだろうか．

こう考えると，種によっては，必ずしも齢ごとの生残率を求めて個体群行列モデルを作っていくことが妥当とは言えないように思える．

2.4 生活史特性による生育段階分け

そこで，その種の生活史[23)]．を調べることにより，その種の個体の成長過程を端的に表現する生育段階[24)]を考え，生育段階ごとの生残率と生育段階間の推移[25)]を計算するというやり方が，とりわけ長寿の多年生植物 (perennial plants) などで広く使われている．

オオウバユリの場合，最初の生育段階はその年に発芽した 0 歳個体でよかろう．最後の生育段階を開花とし[26)]，途中を例えば，葉の枚数で生育段階に分けてみる．最初は 1 枚，次は 2 枚で，最大は 7 枚だったが，4 枚から先をひとまとめに「4 枚以上」という生育段階にしてみる．

その次に，生育段階に分けた生活史を図式化する．齢なら単純に毎年 1 ずつ上がる．しかし，人の判断で決めた生育段階は，順に 1 ずつ上がるとは限らない．図 2.2 からうかがえるように，多くの場合，当年性実生から始まり，1 枚葉，2 枚葉，の順に成長していく．しかし，中には 1 枚葉の次が 2 枚葉を飛び越えて 3 枚葉になる個体もいる[27)]．いったん 2 枚に至ったのに，1 枚に逆戻りする個体もいる[28)]．開花に至る直前も，5 枚の個体もいれば，3 枚から開花に至った個体もいる[29)]．そこで，いろいろな可能性を考慮して生活史を図式化する（図 2.4）．一方，開花した個体は必ず死亡する[30)]．

23) life history.

24) stage または growing stage.

25) 死亡を一つの生育段階として，生残を生育段階間の推移に吸収させてもよい．

26) 死亡を一つの生育段階とするなら，開花の次に死亡を置く．

27) 例えば図 2.2 の 4 行目の個体．

28) 例えば図 2.2 の 16 行目の個体．

29) 例えば図 2.2 の 13 行目の個体．

30) 死亡も一つの生育段階として，図 2.4 では左に置いた．

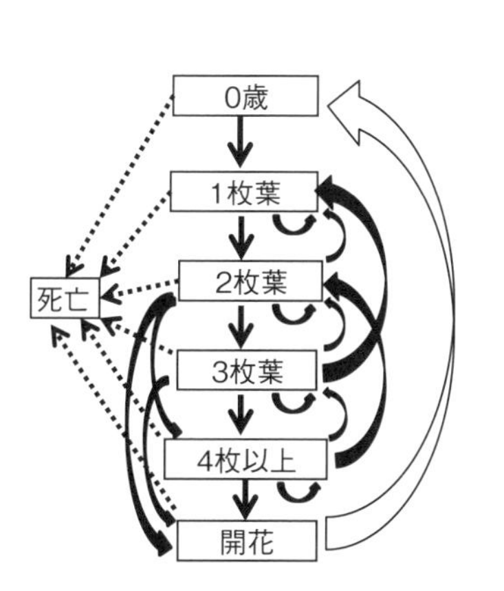

図 2.4 オオウバユリの生活史の図式化．生残・生育段階の推移は黒の実線，死亡は点線，開花が 0 歳を作る繁殖は白線で示した．

この事例から想像できるとおり，生活史の図式化は，まずその種を長年観察していてさまざまな知見を得ていなくては始められない．

なお，鳥類AやBについても，図式化しておくことが望ましい（図2.5）．これらは生残したら必ず一つ齢が増えるので，オオウバユリの図式と比べて単純なものとなる．

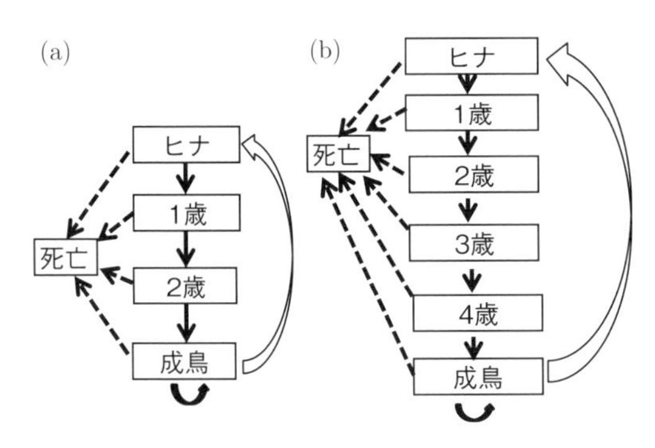

図 2.5 序章の鳥類の齢を生育段階とする生活史の図式化．生残した生育段階の推移は黒の実線，死亡は点線，繁殖は白線で表示した．(a) 鳥類A，(b) 鳥類B.

2.5 データにも依存する生育段階の分けかた

生育段階は，現実問題，どのようなデータが得られるかにも依存して決めざるを得ない．図2.2を見て想像できるように，10年を費やし4000近い個体に標識を付けて毎年，モニタリング調査を続けたわけだが，それでも5枚葉の個体は，全体で6回しか観察できなかった．6枚葉は5回，7枚葉は3回しか見られていない．観察数が少ないと，どの生育段階にどのくらい推移するか，推定が不確かにならざるを得ない．なるべくその種固有の生活史に近い生育段階分けで生残や推移を調べることが望まれる．ただ，行列の要素を推定するのに必要なデータが得られていないなら，生物学的な根拠を若干犠牲にして，入手可能なデータから作成可能なモデルに妥協しないと，現実の個体群について考察するに至らない．

生育段階分けは，調べる種の生活史特性と，現実に得られるデータの，両者を考慮して決める．だから，長年の現場における観察に加え，ある程度の長期データを蓄積すると，どんな場合が観察されどんな生育段階ならどのくらいのデータ数が得られるか見えてくる．それから生活史の図式化を考え，データから行列要素の計算を行う．

なお，行列要素の計算法と，データの量に応じた推定の不確かさについては，第 4 章と 6 章で考える．

2.6 生育段階によるオオウバユリの生残と推移

図 2.2 のデータを使って，齢でなく生育段階で見て，各生育段階にいた個体が翌年，どの生育段階に推移するか，その割合を求めてみる．その前に，図 2.2 のデータでは，生誕（当年生実生）から追跡できている個体だけが選ばれている．それらのほかに，最初の調査時にすでに 1 枚葉や開花していた個体もいる．生育段階間の推移だけならそうしたデータも使える．そこで，死亡も生育段階に加え，各生育段階から各生育段階へ推移した個体が何個体あるかを数えた[31]．結果を表の形でまとめると，表 2.2 のようになった[32]．一番下に各列（縦の並び）の合計も加えてある．

表 2.2 オオウバユリに関する 6 つの生育段階間を推移した個体数．13 年間（12 回の推移）のデータを集計した．

	当年生実生	1 枚	2 枚	3 枚	4 枚以上	開花
当年生実生	0	0	0	0	0	0
1 枚	1264	2506	70	1	0	0
2 枚	0	406	456	9	1	0
3 枚	0	10	196	44	10	0
4 枚以上	0	0	69	156	93	0
開花	0	0	2	8	153	0
死亡	2168	2210	137	40	26	152
合計	3432	5132	930	258	283	152

各生育段階へ推移した個体数を合計で割って割合にすることで，以下の個体群行列を得る．

[31] この作業も決して容易ではない．Excel の計算機能を用いて算出してもいいし，別な計算ソフトを用いてもよい．ここでは計算法の詳細は割愛し，結果だけを示す．なお，ここでは 13 年の間生残や成長が一定であるという仮定を置いている．これは非現実的な感を否めない．この仮定については，4.10 節で簡単に触れる．

[32] ここでもう一つ非現実的な仮定が置かれていることに気づいただろうか？ それは，例えば 2 枚葉の個体が翌年 3 枚葉になる可能性は，その個体が前年も 2 枚葉だったか，1 枚葉から 2 枚葉に成長したか等々，前年以前の「過去」に依存せず，2 枚葉であるという「今」の生育段階だけで定まるというものである．この性質をマルコフ性という．なお，今と前年の生育段階の対を生育段階として個体群行列を作ることも可能である．その場合，2 年以上の過去に依存しないという意味で，やはりマルコフ性という仮定を置いている．

$$\begin{pmatrix} 0 & 0 & 0 & 0 & 0 & 0 \\ 0.368 & 0.488 & 0.075 & 0.004 & 0 & 0 \\ 0 & 0.079 & 0.490 & 0.035 & 0.004 & 0 \\ 0 & 0.002 & 0.211 & 0.171 & 0.035 & 0 \\ 0 & 0 & 0.074 & 0.605 & 0.329 & 0 \\ 0 & 0 & 0.002 & 0.031 & 0.541 & 0 \end{pmatrix} \tag{2.3}$$

2.7 平均繁殖数の推定

繁殖も，種特性や生息状況などによって，得られるデータは異なる．植物では，繁殖は一般に，花→果実→種子→発芽（0歳個体＝当年生実生）という生育段階を経る[33]．このオオウバユリ調査では，果実と種子のデータはない．開花個体と当年生実生のデータだけである．だから，生活史の図式化は，開花個体から当年生実生に飛ぶ形とした（図2.4）[34]．

その場合，1開花個体が作る当年生実生の平均値が欲しい．これは，単純には，ある年の当年生実生の数を，前年の開花個体の数で割ればいい．なお，調査は13年間（14回）に及び，この数値の組が13組得られている．それらを平均すればいい．

平均の計算法として，1年目から13年目までの開花個体数を $F_1, \ldots, F_{13}$, 2年目から14年目までの当年生実生数を $x_2, \ldots, x_{14}$ とするとき，$(x_2 + \ldots + x_{14})/(F_1 + \ldots + F_{13})$ と $(x_2/F_1 + \ldots + x_{14}/F_{13})/13$ という，2つの方法が考えられる[35]．どっちの平均がいいのだろう．

いずれの式を使うにしろ，限られたデータからの推定でしかない．だから，手持ちのデータからどう推定するのが「いい」か，何らかの基準のもとに決定する．「いい」推定法の基準は，当然のことながらいろいろある．基準が変われば，「いい」推定法も変わる．本書の第4章と6章で，2つのよく使われる基準を紹介する．ここでは，第4章で紹介する最尤法という推定法では $(x_2 + \ldots + x_{14})/(F_1 + \ldots + F_{13})$ のほうが「いい」式になるということだけ述べて，以下のように，総当年生実生数3432を開花個体数の152で割った

[33] 種によっては休眠種子といって，翌春でなく1年あるいはもっと長い期間を経てから発芽することもある．その場合，種子という生育段階を入れることが望まれる．

[34] 果実や種子という生育段階を設けられるよう調査をしていると，例えば第5章の感度分析で，このオオオオウバユリ個体群を増やすには，花を訪れる訪花昆虫により果実が実る，果実が結実して種子になる過程，土壌中の種子が発芽する環境，そのどの段階が肝要かが分かったりする．データがないと，そうした吟味はできない．

[35] 年 t の開花個体は年 $t+1$ の当年生実生を作るので添え字は一つずつずれている．

$$3432/152 = 22.6.$$

を平均繁殖数として次章以降使うことにする．

結果として，生育段階を用いた個体群行列は

$$\begin{pmatrix} 0 & 0 & 0 & 0 & 0 & 22.6 \\ 0.368 & 0.488 & 0.075 & 0.004 & 0 & 0 \\ 0 & 0.079 & 0.490 & 0.035 & 0.004 & 0 \\ 0 & 0.002 & 0.211 & 0.171 & 0.035 & 0 \\ 0 & 0 & 0.074 & 0.605 & 0.329 & 0 \\ 0 & 0 & 0.002 & 0.031 & 0.541 & 0 \end{pmatrix} \qquad (2.4)$$

となった．

次の第 3 章では，序から第 1 章で話題に挙げた架空鳥類 A, B と本章のオオウバユリを実例に，行列を用いることでそれぞれの個体群の変動についてどのようなことが分かってくるか解説する．

3 個体群行列と3つの基本統計量

本書では，まず序章で鳥類 A と鳥類 B に対する基本的な問い，

(i) 鳥類 A は絶滅するのだろうか？ それともどんどん増殖するのだろうか？ あるいは今の個体数を保って安定的なのだろうか？
(ii) 鳥類 A と B を比べると，どちらがより早く増殖あるいは絶滅に向かうのだろうか？

を投げかけた．

オス：メスの性比は 1:1 と仮定し，メスの数だけを考えることにする[1]．鳥類 A では，4 年目までの生残率は毎年 40%，4 年目以降（3 歳以上）の成鳥の生残率は毎年 95%，成鳥が産むメスの卵の数は毎年 1.5 である．このとき，t 年での 0 歳，1 歳，2 歳，成鳥の個体数ベクトルから $t+1$ 年の個体数ベクトルは

[1] これは動物の個体群研究ではほぼ慣例になっている．確かに，繁殖するのはメスなので，オスの個体数が原因で相手を見つけられないメスはいないと仮定して構わないなら，オスの個体数を考慮する必要はない．

$$
\begin{pmatrix} n_0(t+1) \\ n_1(t+1) \\ n_2(t+1) \\ n_3(t+1) \end{pmatrix}
= \begin{pmatrix} 0 & 0 & 0 & 1.5 \\ 0 & 1 & 0 & 0 \\ 0 & 0 & 1 & 0 \\ 0 & 0 & 0 & 1 \end{pmatrix}
\begin{pmatrix} 0 & 0 & 0.6 & 0 \\ 0.4 & 0 & 0 & 0 \\ 0 & 0.4 & 0 & 0 \\ 0 & 0 & 0.4 & 0.95 \end{pmatrix}
\begin{pmatrix} n_0(t) \\ n_1(t) \\ n_2(t) \\ n_3(t) \end{pmatrix}
= \begin{pmatrix} 0 & 0 & 0.6 & 1.425 \\ 0.4 & 0 & 0 & 0 \\ 0 & 0.4 & 0 & 0 \\ 0 & 0 & 0.4 & 0.95 \end{pmatrix}
\begin{pmatrix} n_0(t) \\ n_1(t) \\ n_2(t) \\ n_3(t) \end{pmatrix}
\tag{3.1}
$$

と表された[2)]．$t+k$ 年なら行列を k 乗して

$$\begin{pmatrix} n_0(t+k) \\ n_1(t+k) \\ n_2(t+k) \\ n_3(t+k) \end{pmatrix} = \begin{pmatrix} 0 & 0 & 0.6 & 1.425 \\ 0.4 & 0 & 0 & 0 \\ 0 & 0.4 & 0 & 0 \\ 0 & 0 & 0.4 & 0.95 \end{pmatrix}^k \begin{pmatrix} n_0(t) \\ n_1(t) \\ n_2(t) \\ n_3(t) \end{pmatrix} \tag{3.2}$$ [3)]

と書ける．

鳥類 B では，成鳥のメスは毎年 3 個の（メスになる）卵を産み，ヒナが成鳥となり繁殖を始めるまでの 5 年間の生残率は毎年 75%，成鳥 (5 歳以上) では毎年 25%なので，$t+1$ 年の個体数ベクトルは

$$\begin{pmatrix} n_0(t+1) \\ n_1(t+1) \\ n_2(t+1) \\ n_3(t+1) \\ n_4(t+1) \\ n_5(t+1) \end{pmatrix}$$

$$= \begin{pmatrix} 0 & 0 & 0 & 0 & 0 & 3 \\ 0 & 1 & 0 & 0 & 0 & 0 \\ 0 & 0 & 1 & 0 & 0 & 0 \\ 0 & 0 & 0 & 1 & 0 & 0 \\ 0 & 0 & 0 & 0 & 1 & 0 \\ 0 & 0 & 0 & 0 & 0 & 1 \end{pmatrix} \begin{pmatrix} 0 & 0 & 0 & 0 & 0 & 0 \\ 0.75 & 0 & 0 & 0 & 0 & 0 \\ 0 & 0.75 & 0 & 0 & 0 & 0 \\ 0 & 0 & 0.75 & 0 & 0 & 0 \\ 0 & 0 & 0 & 0.75 & 0 & 0 \\ 0 & 0 & 0 & 0 & 0.75 & 0.25 \end{pmatrix} \cdot \begin{pmatrix} n_0(t) \\ n_1(t) \\ n_2(t) \\ n_3(t) \\ n_4(t) \\ n_5(t) \end{pmatrix}$$

$$= \begin{pmatrix} 0 & 0 & 0 & 0 & 2.25 & 0.75 \\ 0.75 & 0 & 0 & 0 & 0 & 0 \\ 0 & 0.75 & 0 & 0 & 0 & 0 \\ 0 & 0 & 0.75 & 0 & 0 & 0 \\ 0 & 0 & 0 & 0.75 & 0 & 0 \\ 0 & 0 & 0 & 0 & 0.75 & 0.25 \end{pmatrix} \begin{pmatrix} n_0(t) \\ n_1(t) \\ n_2(t) \\ n_3(t) \\ n_4(t) \\ n_5(t) \end{pmatrix} \tag{3.3}$$

となる[4)]．

この章では，鳥類 A，B の個体群行列が与えられたときに，第 1 章のようなシミュレーションをすることなく基本的な問い (i), (ii) に答える方法について解説する．また，他にも生物集団の動態の特徴を知ることのできる個体群統計量 (population metrics) につ

[2)] 第 1 章 1.3–4 節．

[3)] 第 1 章 式 (1.13) と同じ．

[4)] 第 1 章 式 (1.15) で $k = 1$ としたものと同じ．面倒臭く感じる気持ちもあるだろうが，丁寧に紙と鉛筆を使って行列計算をして，確かめてほしい．

いて解説する[5].

5) 行列モデルを使った個体群統計量については，文献 [0-2], [3-1], [3-2], [3-3] にも解説がある．巻末の「参考文献」のページを参照してほしい．

3.1 個体群成長率と個体群動態

第1章では，式 (1.13) や (1.15) を用いて k 年目の個体数ベクトルをシミュレーションで求め，0歳から成鳥までの総個体数の比を計算し，それが一定値になっていく様子を見た．まず，それをグラフから視覚的に発見する方法から始めよう．最初の年（0年目）の個体数ベクトルを横にして計算し，表3.1のようにまとめてみた．

表 3.1 鳥類Aの個体数ベクトルの推移.

年	齢0の個体数 $n_0(t)$	齢1の個体数 $n_1(t)$	齢2の個体数 $n_2(t)$	齢3の個体数 $n_3(t)$	総個体数（個体群サイズ）
0	4	3	2	1	10
1	2.625	1.600	1.200	1.750	7.175
2	3.214	1.050	0.640	2.143	7.046
3	3.437	1.286	0.420	2.291	7.434
4	3.517	1.375	0.514	2.345	7.751
5	3.650	1.407	0.550	2.433	8.040
6	3.797	1.460	0.563	2.532	8.352
7	3.945	1.519	0.584	2.630	8.678
8	4.098	1.578	0.608	2.732	9.016
9	4.258	1.639	0.631	2.839	9.367
10	4.424	1.703	0.656	2.949	9.732

このような個体数の推移を「個体群動態」[6]という．個体群動態を見ると，初めのうちは総個体数（個体群サイズ[7]という）は減少傾向を見せるが，徐々に増える傾向に転ずる様子が見て取れる（一定に見えるほどその増加はゆっくりであるが）．

6) population dynamics.
7) population size.

ここで，この計算結果を，片対数グラフにして図にすると[8]，見た目にも明瞭な傾向があることに気づく（図3.1）．それは，時間が経過すると，徐々に個体数が直線的に変化するようになるということである．

8) 表3.1の一番右の列（総個体数）の対数を計算して，それを縦軸とするグラフを描く．多くの計算ソフトでは，縦軸を対数にしたグラフをクリック一つで選ぶこともできる．

図3.1のような片対数グラフにおいて，直線的な変化は各齢の個体数が等比級数的に一定の倍率で変化することを意味してい

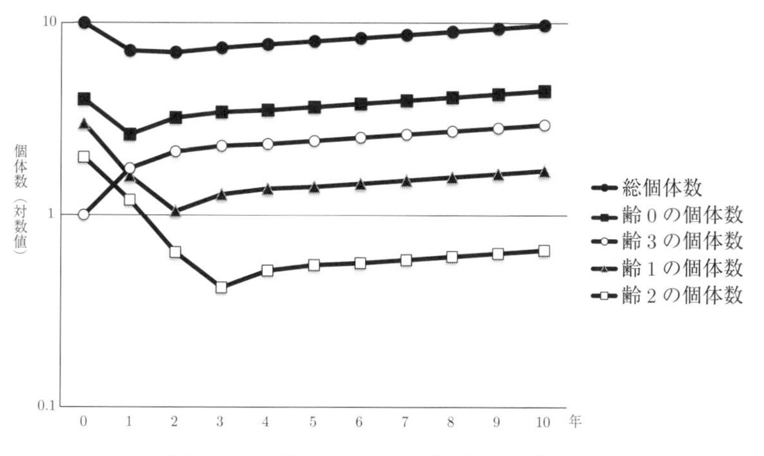

図 3.1 鳥類 A の個体数ベクトルの推移（片対数グラフ）.

る[9]．目で見る限りは，ほぼ直線的に変化しているように見えるので，0 年から始めてある程度の年数が経過した t 年なら，近似的に 1 年間の個体群動態を次式のように表していいだろう．

$$\begin{pmatrix} n_0(t+1) \\ n_1(t+1) \\ n_2(t+1) \\ n_3(t+1) \end{pmatrix} \approx c \begin{pmatrix} n_0(t) \\ n_1(t) \\ n_2(t) \\ n_3(t) \end{pmatrix}, \qquad (3.4)^{10)}$$

t 年から k 年目なら

$$\begin{pmatrix} n_0(t+k) \\ n_1(t+k) \\ n_2(t+k) \\ n_3(t+k) \end{pmatrix} = c^k \begin{pmatrix} n_0(t) \\ n_1(t) \\ n_2(t) \\ n_3(t) \end{pmatrix}. \qquad (3.5)$$

k 年の間に個体数は c^k 倍になるわけだから，式中の c は等比級数的増加の際の毎年の個体数の倍率を意味している．すべての齢の個体数が毎年 c 倍になるのだから，当然，総個体数（個体群サイズ）も毎年 c 倍になっている．したがって，c はいわゆる**個体群成長率**[11] に相当する．

もし，この章の最初の問い，「(i) 鳥類 A は絶滅するのだろうか？それともどんどん増殖するのだろうか？」に答えようとするなら，この c を求めることが鍵になる．もし，c が 1 よりとても大きい

9) 等比級数的に一定の倍率 c で増加するなら，$n_i(t+1) = cn_i(t)$ $(i = 0 \sim 3)$ となる．両辺の対数をとると $\ln(n_i(t+1)) = \ln(c) + \ln(n_i(t))$，つまり，毎回 $\ln(c)$ という一定量だけ増加するので，直線的に増加する．

10) 本書では $\approx$ を近似（値が近い）の意味で用いる．

11) population growth rate.

なら，答えは「どんどん増殖する」であり，c が1より少し大きいなら，「少しずつ増殖する」，c が1より小さいなら「減少し絶滅傾向にある」であり，c がちょうど1ならば，「増加も減少もしない」である[12]．この c はどうやったら求めることができるのだろうか？

[12] 最初の数年はこの限りではないが，そんな期間が短いなら，一つの指標として有効と思われる，くらいの意味と思ってよい．

3.2 個体群成長率と最大固有値

これまで，行列やベクトルは要素や成分を用いて表してきたが，ここからは状況に応じて1文字で表すことにする．例えば，鳥類Aの生残や繁殖の過程を表す行列[13]を

[13] 式 (1.7) から式 (1.13) を参照．

$$\mathbf{S}_{\mathrm{A}} = \begin{pmatrix} 0 & 0 & 0 & 0 \\ 0.4 & 0 & 0 & 0 \\ 0 & 0.4 & 0 & 0 \\ 0 & 0 & 0.4 & 0.95 \end{pmatrix}, \quad \mathbf{R}_{\mathrm{A}} = \begin{pmatrix} 0 & 0 & 0 & 1.5 \\ 0 & 1 & 0 & 0 \\ 0 & 0 & 1 & 0 \\ 0 & 0 & 0 & 1 \end{pmatrix},$$

両者の積である個体群行列や年 t の個体数ベクトルを

$$\mathbf{P}_{\mathrm{A}} = \begin{pmatrix} 0 & 0 & 0.6 & 1.425 \\ 0.4 & 0 & 0 & 0 \\ 0 & 0.4 & 0 & 0 \\ 0 & 0 & 0.4 & 0.95 \end{pmatrix}, \quad \mathbf{n}_t = \begin{pmatrix} n_0(t) \\ n_1(t) \\ n_2(t) \\ n_3(t) \end{pmatrix}$$

のようにである．これは，巨大数式でなく小さな数式にするというご利益[14]のほかに，数式の構造などを視覚的に見やすくするといった働きも伴う．なお，数学の慣習で，行列やベクトルを1文字で表すときは太字（ゴジック体）を使うという決まりがある．本書に限らず，数学の本の中で太字の記号があったら，それは行列やベクトルである場合が多い[15]．

[14] 本にする場合は紙の節約になるというご利益もあるが，肝心なのは後半の「数式の構造を見やすくする」にある．

[15] その縦横の数（行数と列数）がいくつか考えながら読むと数学の理解も深まる．

式 (3.1) と式 (3.4) をつないでみる．

$$\begin{pmatrix} n_0(t+1) \\ n_1(t+1) \\ n_2(t+1) \\ n_3(t+1) \end{pmatrix} = \begin{pmatrix} 0 & 0 & 0.6 & 1.425 \\ 0.4 & 0 & 0 & 0 \\ 0 & 0.4 & 0 & 0 \\ 0 & 0 & 0.4 & 0.95 \end{pmatrix} \begin{pmatrix} n_0\,(t) \\ n_1\,(t) \\ n_2\,(t) \\ n_3\,(t) \end{pmatrix}$$

$$\approx c \begin{pmatrix} n_0(t) \\ n_1(t) \\ n_2(t) \\ n_3(t) \end{pmatrix}$$

右辺の等式を見ると，あることに気づく．それは，時間が数年経過したのちには，近似的にではあるが，行列 $\mathbf{P}_\mathrm{A}$ を乗じたことがあたかも定数 c を乗じたことに等価であるという点である．数式に表すと，

$$\mathbf{n}_{t+1} = \mathbf{P}_\mathrm{A}\mathbf{n}_t \approx c\mathbf{n}_t \tag{3.6}$$

である．

上の式 (3.6) は，表 3.1 の結果を図 3.1 のグラフにし，視覚的に求めた近似式だった．これは特定の行列 $\mathbf{P}_\mathrm{A}$ やベクトル $\mathbf{n}_0$ だから式 (3.6) のような式が得られたのかもしれない．ところで，この偶然かもしれない関係は，実は広く一般的に成り立っていたりしないものだろうか？ もしそうなら，式 (3.6) のような関係が成立したときの c を求めれば，それが個体群成長率を求めたことになるのではなかろうか？ こうした素朴な考えが湧き上がる．

時間や種によらず，行列を乗じると定数倍になるという一般的な関係を探るために，ベクトル $\mathbf{n}_t$ の時刻 t をとって 1 文字のベクトル $\mathbf{w}$ にし，鳥類の A を省き，定数 c をギリシア文字 λ[16] に直して，近似式でなく等式にする．

$$\mathbf{P}\mathbf{w} = \lambda\mathbf{w} \tag{3.7}$$

線形代数学を学習した読者なら，式 (3.7) を見たことがあるかもしれない．この式は，線形代数の教科書において後半あたりに現れる固有値・固有ベクトルの定義式と同じである．λ を行列 $\mathbf{P}$ の固有値[17]，$\mathbf{w}$ を行列 $\mathbf{P}$ の固有ベクトル[18] と呼ぶ．それらの教科書には，λ の求め方が必ず書いてあり，λ の満たすべき方程式に「固有値方程式」[19] という名前が付けられている．それらの教科書に書いてあることをそのまま掲載すると，固有値方程式は，

$$\det[\lambda\mathbf{E} - \mathbf{P}] = 0, \tag{3.8}$$[20]

[16] ラムダと読む．唐突にアルファベットの c からギリシア文字の λ に変わるが，慣習的に個体群行列を扱う業界ではこのギリシア文字で表すことが多いので，慣れておくことを勧める．

[17] eigenvalue.

[18] eigenvector.「右固有ベクトル」と書いている教科書もある．本書では特に断りがない限り，固有ベクトルといえば右固有ベクトルを指すこととする．

[19] あるいは固有方程式，eigenvalue equation, characteristic equation.

[20] $\det[\cdot]$ は大カッコの中の行列の行列式．$\mathbf{E}$ は $\mathbf{P}$ と同じ行数・列数を持つ単位行列．

$$\mathbf{E} = \begin{pmatrix} 1 & 0 & \cdots & 0 \\ 0 & 1 & \cdots & 0 \\ \vdots & \vdots & \ddots & \vdots \\ 0 & 0 & \cdots & 1 \end{pmatrix}$$

である．鳥類 A の例であれば，

$$\det\left[\lambda\begin{pmatrix} 1 & 0 & 0 & 0 \\ 0 & 1 & 0 & 0 \\ 0 & 0 & 1 & 0 \\ 0 & 0 & 0 & 1 \end{pmatrix} - \begin{pmatrix} 0 & 0 & 0.6 & 1.425 \\ 0.4 & 0 & 0 & 0 \\ 0 & 0.4 & 0 & 0 \\ 0 & 0 & 0.4 & 0.95 \end{pmatrix}\right]$$
$$= \det\left[\begin{pmatrix} \lambda & 0 & -0.6 & -1.425 \\ -0.4 & \lambda & 0 & 0 \\ 0 & -0.4 & \lambda & 0 \\ 0 & 0 & -0.4 & \lambda - 0.95 \end{pmatrix}\right] = 0$$

である．

線形代数学の書籍ではこうした数学の記述が続くが，実際のところ，式 (3.8) を解いて固有値を求められるのは行列が 2 行 2 列や 3 行 3 列の場合で，線形代数学の教科書の例もそんなものに限られている．ところが今日では，計算ソフトの多くが固有値計算の機能を持っている．参考までに，R という統計ソフトを用いて鳥類 A の個体群行列 $\mathbf{P}_{\mathrm{A}}$ の固有値を求める過程を **BOX 3.1** に紹介する[21]．このような簡易なプログラムをスクリプトと呼ぶことが多い．

21) Mathematica や Mathcad などの数学ソフトも同じ機能を有する．

BOX 3.1　R という統計ソフトによる固有値を求めるスクリプト

```
>pa <- rbind(c(0,0,0.6,1.425), c(0.4,0,0,0), c(0,0.4,0,0), c(0,0,0.4,0.95))
                                                          行列の設定をするコマンド
>eigen(pa)                                      固有値・固有ベクトルを求めるコマンド
$values
[1] 1.038939+0i -4.446940e-02+3.007066e-01i -4.446940e-02-3.007066e-01i
[4] -3.322634e-16+0.000000e+00i


$vectors
               [,1]                    [,2]                    [,3]              [,4]
[1,] 0.7869752+0i  0.3852181+0.1164818i  0.3852181-0.1164818i -3.479386e-16+0i
```

```
[2,] 0.3029919+0i  0.0774721-0.5238741i  0.0774721+0.5238741i  6.523849e-16+0i
[3,] 0.1166544+0i -0.6968575+0.0000000i -0.6968575+0.0000000i -9.216354e-01+0i
[4,] 0.5246501+0i  0.2568121+0.0776546i  0.2568121-0.0776546i  3.880570e-01+0i
```

（注）i は虚数単位で，+0i とある場合はその値が複素数でない（実数である）ことを意味する．また，e-02 は 10 のマイナス 2 乗，すなわち，0.01 倍を意味している．

BOX3.1 内の$values の結果を見ると，固有値は全部で 4 つあり，1 番目は 1.039，2 番目と 3 番目は複素数の固有値，4 番目はほぼゼロであることが分かる[22]．個体群成長率が複素数になることはあり得ないし，ほぼゼロも個体群成長率ではないだろう．表 3.1 から推測するに，おそらく個体群成長率は 1 番目の 1.039，すなわち毎年 3.9%ずつ増加する個体群成長率であると思われる．それは以下のように数学的に保証されている．

線形代数の教科書を学ぶと，一般に m 行 m 列の行列では，固有値方程式 (3.8) は λ の m 次方程式になり，重根がなければ m 個の固有値（負の固有値も複素固有値も含む）を持つ $(\lambda = \lambda_1, \lambda_2, \cdots, \lambda_m)$．また，それぞれの固有値に対応して，$m$ 個の固有ベクトルを持つ $(\mathbf{w} = \mathbf{w}_1, \mathbf{w}_2, \cdots, \mathbf{w}_m)$．固有値，固有ベクトルの求め方の簡単な例については，BOX 3.2 に示しているので，参考にしてほしい．式 (3.6) に従う個体群動態は，行列 $\mathbf{P}$ の固有値や固有ベクトルと深い関係がある．具体的に言うと，式 (3.6) の解 $\mathbf{n}_t$ は，解析的に求められており，次のように m 個の固有値と m 個の固有ベクトルを用いて，m 個の項の和で表すことができる：

$$\mathbf{n}_t = \sum_{i=1}^{m} c_i (\lambda_i)^t \mathbf{w_i} \tag{3.9}$$

成分で表し詳しく書くと[23]，

$$\begin{pmatrix} n_1(t) \\ n_2(t) \\ \vdots \\ n_m(t) \end{pmatrix} = \sum_{i=1}^{m} c_i (\lambda_i)^t \begin{pmatrix} w_{i1} \\ w_{i2} \\ \vdots \\ w_{im} \end{pmatrix}$$

[22] eigen は英単語ではなく英語から来たコマンドである．きっと固有値が英語で eigenvalue であることから eigen といったコマンドにしているのだろう．出力の項で values と複数形であるのは複数個存在するのが一般的だからである．なお，values の前の$は米ドルを意味しているわけではなく，$という記号の R という統計ソフト固有の使い方である．

[23] 第 1 章や式 (3.6) までは最初の成分を 0 歳（ヒナ）に合せて n_0 と表記していたが，鳥類 A や B の個体数ベクトルに限らない一般的な状況では，最初の成分は n_1 とする．

$$= \begin{pmatrix} c_1(\lambda_1)^t w_{11} + c_2(\lambda_2)^t w_{21} + \cdots + c_m(\lambda_m)^t w_{m1} \\ c_1(\lambda_1)^t w_{12} + c_2(\lambda_2)^t w_{22} + \cdots + c_m(\lambda_m)^t w_{m2} \\ \vdots \\ c_1(\lambda_1)^t w_{1m} + c_2(\lambda_2)^t w_{2m} + \cdots + c_m(\lambda_m)^t w_{mm} \end{pmatrix}$$

となる．w_{ij} は固有ベクトル $\mathbf{w}_i$ の j 番目の要素を意味する．この式で c_i は，時刻 0 のときの個体数ベクトル $\mathbf{n}_0$ について $\mathbf{n}_0 = \sum_{i=1}^{m} c_i \mathbf{w_i}$ を満たす係数である．これも詳しく書くと，

$$\begin{pmatrix} n_1(0) \\ n_2(0) \\ \vdots \\ n_m(0) \end{pmatrix} = \sum_{i=1}^{m} c_i \begin{pmatrix} w_{i1} \\ w_{i2} \\ \vdots \\ w_{im} \end{pmatrix}$$

$$= \begin{pmatrix} c_1 w_{11} + c_2 w_{21} + \cdots + c_m w_{m1} \\ c_1 w_{12} + c_2 w_{22} + \cdots + c_m w_{m2} \\ \vdots \\ c_1 w_{1m} + c_2 w_{2m} + \cdots + c_m w_{mm} \end{pmatrix}$$

となる．

BOX 3.2　手計算と統計ソフト R による固有値・固有ベクトルの求め方

このボックスでは，簡単で具体的な例で固有値と固有ベクトルを求めてみる．例えば，

$$\mathbf{P} = \begin{pmatrix} 8 & 1 \\ 4 & 5 \end{pmatrix}$$

という 2 行 2 列の行列であれば，固有値方程式 (3.8) は

$$\det[\lambda\mathbf{E} - \mathbf{P}] = \det\left[\lambda\begin{pmatrix} 1 & 0 \\ 0 & 1 \end{pmatrix} - \begin{pmatrix} 8 & 1 \\ 4 & 5 \end{pmatrix}\right]$$
$$= \det\left[\begin{pmatrix} \lambda - 8 & -1 \\ -4 & \lambda - 5 \end{pmatrix}\right] = 0$$

となる．2 行 2 列の行列式の公式を用いると，

$$(\lambda - 8)(\lambda - 5) - (-1)(-4) = \lambda^2 - 13\lambda + 36 = (\lambda - 9)(\lambda - 4) = 0$$

と，λ についての 2 次方程式であるから固有値は 2 つ見つかり，$\lambda_1 = 9$,

$\lambda_2 = 4$ である．それぞれの固有値に固有ベクトルがあるので，式 (3.7) を用いて対応する固有ベクトルを求めてみる．

$\lambda_1 = 9$ のときは，式 (3.7) は

$$\lambda_1 \mathbf{w_1} = \mathbf{P}\mathbf{w_1} \rightarrow 9\begin{pmatrix} w_{11} \\ w_{12} \end{pmatrix} = \begin{pmatrix} 8 & 1 \\ 4 & 5 \end{pmatrix}\begin{pmatrix} w_{11} \\ w_{12} \end{pmatrix}$$

となる．この式は，

$$\begin{cases} 9w_{11} = 8w_{11} + w_{12} \\ 9w_{12} = 4w_{11} + 5w_{12} \end{cases}$$

と 2 つの未知数の連立方程式になるが，移項して整理するとどちらも同じ $w_{11} = w_{12}$ という式になってしまう．だから，

$$\mathbf{w_1} = \begin{pmatrix} w_{11} \\ w_{12} \end{pmatrix} = \alpha \begin{pmatrix} 1 \\ 1 \end{pmatrix} \quad \alpha\text{: ゼロではない任意定数}$$

である．すなわち，w_{11} と w_{12} が 1:1 であればすべてこの固有ベクトルである．実際，統計ソフト R を使って求めてみると，

```
> mat<-rbind(c(8,1),c(4,5))
> eigen(mat)
$values
[1] 9 4
$vectors
          [,1]       [,2]
[1,] 0.7071068 -0.2425356
[2,] 0.7071068  0.9701425
```

を得る．$vectors の結果の各列が，2 つの固有値それぞれに対応する固有ベクトルで，1 番目の固有値 9 に対応する第 1 列には，確かに比が 1:1 になっている w_{11} と w_{12} が得られている[24]．

同様に，$\lambda_2 = 4$ のとき，式 (3.7) は

$$\lambda_2 \mathbf{w_2} = \mathbf{P}\mathbf{w_2} \rightarrow 4\begin{pmatrix} w_{21} \\ w_{22} \end{pmatrix} = \begin{pmatrix} 8 & 1 \\ 4 & 5 \end{pmatrix}\begin{pmatrix} w_{21} \\ w_{22} \end{pmatrix}$$

となり，$-4w_{21} = w_{22}$ という関係式が見出され，w_{21} と w_{22} は $(-1):4$ であることが分かる．このことは上記の R による結果，$vectors の 2 列目でも確認される．

鳥類 A の場合には，4 行 4 列の行列であったことから 4 つの固有

24) 無限にある固有ベクトルの中から，統計ソフト R は大きさが 1 になっているものを表示する．$0.7071068^2 + 0.7071068^2 = 1$．なお，大きさ 1 の固有ベクトルにはもう一つ，このマイナスをとったものがある．そうしたときはプラスのほうを表示するが，第 2 列のような場合は，どっちを返すのか，特に規則はないように見える．

値があるため，BOX 3.1 で求められた固有値と式 (3.9) を使って，

$$\begin{aligned}\mathbf{n}_t &= \sum_{i=1}^{m} c_i(\lambda_i)^t \mathbf{w}_i \\ &= c_1(1.039)^t \mathbf{w}_1 + c_2(-0.044+0.301i)^t \mathbf{w}_2 \\ &\quad + c_3(-0.044-0.301i)^t \mathbf{w}_3 + c_4(-3\times 10^{-16})^t \mathbf{w}_4 \quad (3.10)\end{aligned}$$

となる．w_i には BOX 3.1 で求められた固有ベクトルを代入するべきだが，式の見やすさを考えて，あえて具体的な数値を代入しなかった．さて，式 (3.10) の各項の中で，時間 t が関係するのは固有値に関する部分だけであるから，どうやら式 (3.10) の 1 番目の項が個体群増加の度合いを示しているという勘は当たっていそうだが，実は，それを保証するペロン–フロベニウス (Perron–Frobenius) の定理というものがある．

鳥類 A や鳥類 B の例のように，生物の個体群行列では，行列の要素はゼロか正の値をとる．行列の要素の値は，生残確率や繁殖率 (fecundity)[25] を意味するので当然だろう．そのような行列を「非負行列」と呼ぶが，ペロン–フロベニウスの定理は非負行列の固有値の性質に関する定理である．その定理によれば，

1) 非負行列は少なくとも一つの正の固有値を持つ．
2) それらの正の固有値の中で最大のものを最大固有値と名付けると（正の固有値が一つしかなければ，それ自身が最大固有値），最大固有値の値は，他の固有値の絶対値と等しいか，より大きい．

ということが分かっている[26]．$-0.044 \pm 0.301i$ の絶対値を確かめると，複素数の絶対値は複素平面上の原点からの距離であるから，その答えは $\sqrt{(-0.044)^2 + (\pm 0.301)^2} = 0.093$ である．また，-3×10^{-16} の絶対値は 3×10^{-16} である．確かに式 (3.10) の中の最大固有値は正値 1.039 であり，その絶対値は他の固有値の絶対値より大きい．そのため，式 (3.10) の第 2 項から第 4 項までの値は，t が大きくなるにつれて第 1 項よりも相対的に小さくなり，その違いは時間とともに広がっていく．その結果，第 1 項の値の増減のみを反映するようになる．したがって，図 3.1 で綺麗に直線的に増加するようになるほど時間が十分経過したときには，式 (3.9) と式 (3.10) は近似的に，

25) 第 2 章までは，意味がよく分かるように，この量を「平均繁殖数」として説明してきたが，生態学では通常「繁殖率」と呼んでいるものに当たるので，第 3 章以降では「繁殖率」を使うことにする．「一個体当たりの平均繁殖数」を意味する．

26) ペロン・フロベニウスの定理の 2 番目の結果から考えると，厳密に言えば，特殊なケースでは最大固有値と他の固有値の絶対値が等しい場合があるが，これ以降は話を簡単にするために，「最大固有値の値が他の固有値の絶対値より大きい」場合だけを考える．

$$\mathbf{n}_t \approx c_1(\lambda_1)^t \mathbf{w}_1 \tag{3.11}$$

$$\mathbf{n}_t \approx c_1(1.039)^t \mathbf{w}_1 \tag{3.12}$$

となる．式 (3.11) から，時間が十分経過したときには一般的に

$$\mathbf{n}_{t+1} \approx \lambda_1 \mathbf{n}_t \tag{3.13}$$

が成立することも分かるし，それが式 (3.6) と同じであることも分かる．すなわち，「**時間が十分経過したときの個体群成長率は，行列の最大固有値に等しい**」．したがって，鳥類 A は漸増ながらも増加傾向にある．

同様に，鳥類 B の行列の最大固有値を求めると 0.9903 であり，減少傾向にあることも分かる[27]．これで，最初に掲げた問い，「(ii) 鳥類 A と B を比べると，どちらがより早く増殖あるいは絶滅に向かうのだろうか？」に答えることができるようになった．答えは，「鳥類 A は増殖し，鳥類 B は絶滅に向かう」である．何行にもわたるコンピュータプログラムを書いてシミュレーションを行わなくても，BOX 3.1 のように，たった 2 行書くだけで個体群成長率を求めることができる．

[27] 式 (1.15) の中にある行列について，何らかの計算ソフトを使って自分で固有値を求めて確かめてほしい．

3.3　安定生育段階構成と右固有ベクトル[28]

[28] 3.2 節の傍注でも述べたように，単に「固有ベクトル」と呼ばれるものは，「右固有ベクトル」を指す．次節で紹介される「左固有ベクトル」と明瞭に区別するために，この節からは，「固有ベクトル」を指すものを統一して「右固有ベクトル」と呼ぶことにする．

前節で紹介したように，線形代数の知識を用いると個体群行列から生物集団の動態の重要な量（個体群統計量）の一つ，個体群成長率が求められることが分かった．実は他にも，個体群の性質を示す量がいくつか求められることが分かっている，その一つが，安定生育段階構成[29]である．

[29] stable stage structure.

鳥類 A の例を用いて，表 3.1 の数値から，総個体数の中に占める各齢の個体の割合（齢構成）の時間変化を図にしてみよう（図 3.2）．そうすると，各齢の構成割合は時間とともに一定値へと収束していくさまが見て取れる．安定して齢構成割合が変化しないことから，「安定齢構成[30]」と呼ばれている[31]．

[30] stable age structure.

[31] 齢を用いて年齢間の推移を表す個体群行列の場合には安定齢構成と呼ばれるが，生育段階を用いて生育段階間の推移を表す個体群行列の場合には，安定生育段階構成と呼ぶ．

時間とともに一定の割合に収束する理由は，以下のように式 (3.11) から理解することができる．式 (3.11) をベクトルの各成分を明示した式で書き換えると，

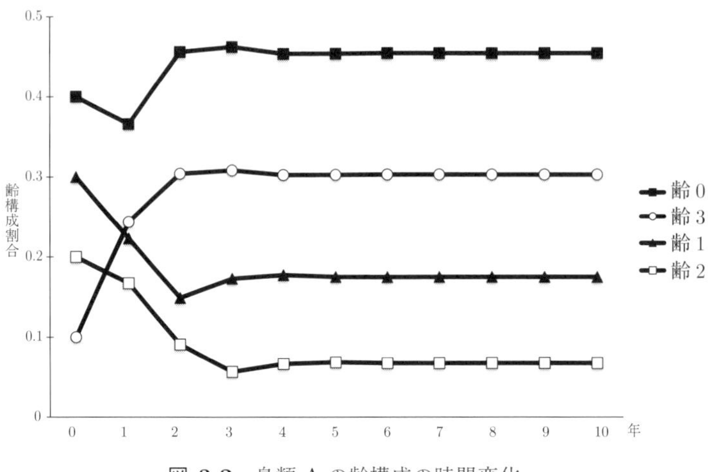

図 3.2 鳥類 A の齢構成の時間変化.

$$\begin{pmatrix} n_0(t) \\ n_1(t) \\ n_2(t) \\ n_3(t) \end{pmatrix} = c_1(\lambda_1)^t \begin{pmatrix} w_{10} \\ w_{11} \\ w_{12} \\ w_{13} \end{pmatrix} \tag{3.14}$$

である. w_{1i} は右固有ベクトル $\mathbf{w}_1$ の i 齢の成分を表す. これより,

$$n_0(t) : n_1(t) : n_2(t) : n_3(t) = w_{10} : w_{11} : w_{12} : w_{13} \tag{3.15}$$

が導かれる. 式 (3.15) は比を表しているのだから, 左辺だけを各年の総個体数

$$n_0(t) + n_1(t) + n_2(t) + n_3(t)$$

で割っても, やはり比は変わらない. すなわち,

$$\frac{n_0(t)}{n_0(t) + n_1(t) + n_2(t) + n_3(t)} : \frac{n_1(t)}{n_0(t) + n_1(t) + n_2(t) + n_3(t)} :$$
$$\frac{n_2(t)}{n_0(t) + n_1(t) + n_2(t) + n_3(t)} : \frac{n_3(t)}{n_0(t) + n_1(t) + n_2(t) + n_3(t)}$$

$$= w_{10} : w_{11} : w_{12} : w_{13}$$

が成立する. 左辺のそれぞれの $\frac{n_i(t)}{n_0(t)+n_1(t)+n_2(t)+n_3(t)}$ $(i = 0 \sim 3)$ は, まさに図 3.2 で示した各齢の構成割合にあたり, 4 つ全部を足すと和が 1 になっている. そのため, すべての w_{1i} を合計し

て $w_{10} + w_{11} + w_{12} + w_{13} = 1$ になるように規格化した右固有ベクトル $\mathbf{w}_1$ は，安定齢構成となっている．

それでは，鳥類 A の場合には安定齢構成はどうなるのだろうか？ BOX 3.1 には，行列 (3.1) の右固有ベクトルの値も求められていて，BOX の中ほどにある`$vectors`がそれにあたる．4 行 4 列で構成されているこの結果の各列が，4 つの固有値それぞれに対応する右固有ベクトルである．そのため，1 番目の固有値 1.039 に属する右固有ベクトルは，

$$\begin{pmatrix} 0.787 \\ 0.303 \\ 0.117 \\ 0.525 \end{pmatrix}$$

であり，要素和が 1 になるように規格化した右固有ベクトル $\mathbf{w}_1$ は，

$$\mathbf{w}_1 = \frac{1}{0.787 + 0.303 + 0.117 + 0.525} \begin{pmatrix} 0.787 \\ 0.303 \\ 0.117 \\ 0.525 \end{pmatrix} = \begin{pmatrix} 0.455 \\ 0.175 \\ 0.067 \\ 0.303 \end{pmatrix} \tag{3.16}$$

である．この結果から，安定齢構成では齢 0 の個体は 45.4%を占めていることが分かる．同様に，鳥類 B の行列の規格化された右固有ベクトル $\mathbf{w}_1$ は，

$$\mathbf{w}_1 = \begin{pmatrix} 0.292 \\ 0.221 \\ 0.167 \\ 0.127 \\ 0.096 \\ 0.097 \end{pmatrix} \tag{3.17}$$

である．R 言語などを用いて読者自身で計算し，確認することをお勧めしたい．この結果を与える式 (3.16) と式 (3.17) を比較すると，繁殖を行う最高齢のメスが個体群中に占める割合に大きい違いが見られ，鳥類 A は 30.3%, 鳥類 B は 9.7%と約 3 倍の違いになっている．卵を産む数は鳥類 A が 3 個，鳥類 B が 6 個[32] と

[32] 行列の要素にはメスの数（半分）に換算したそれぞれ 1.5, 3 が記入されていた．

逆に 2 倍の違いがあるが，それを凌駕するほど，最高齢のメスの齢構成が違う．その原因は，やはり，成鳥の生存率が鳥類 A において高いことであろう．その結果，個体群成長率は鳥類 A が鳥類 B をしのいでいた．このような微細な違いが，個体群行列を用いることで検出されるのである．

第 2 章で解説した生活史や個体サイズの大きさに基づいたステージ分けの行列では，同じ右固有ベクトルが，齢構成ではなく，生育段階構成であるから，その場合も含めて一般的に「**要素の和が 1 になるように規格化された右固有ベクトルは安定生育段階構成である**」が成立する．

3.4 繁殖価と左固有ベクトル

この節までは，個体群行列が与えられたときに，シミュレーションをすることなく生物集団の動態の特徴を知ることのできる個体群統計量について 2 つ解説してきた．もう一つ，個体群行列モデルあるいは人口統計学において触れないわけにはいかない個体群統計量が存在する．それは，フィッシャーによって 1930 年に提案された「繁殖価[33]」である．この量は，ある齢の個体が，それ以降の人生で次世代に残すであろう子の数の期待値の現価を求めている．「現価」とは，経済学や会計学で用いられる用語で，将来支払われるお金の将来時点の値に対する現在時点の価値を示す言葉である．5 年後に 5.5 万円を手にするとしても，それまでに 1.1 倍にインフレしていれば，現時点では 5.5 万円 $\div$ 1.1 $=$ 5 万円 の価値しかない．その値を「現価」という．同じような発想で，人口学分野では，現在の母親たちの集団がどのくらい次世代の人口増加に貢献できるかを現時点の価値として評価するのにこの現価という概念が用いられてきた[34]．

33) reproductive value.

34) 第 5 章の「感度分析」を行う際にも繁殖価は用いられる．

「齢 x の個体がそれ以降の人生で次世代に残すであろう子の数の期待値の現価」を計算するために，まず今年のことを考える．齢 x における繁殖率を b_x で表すと，次世代に残すであろう子の数は b_x そのものである．次に 1 年後のことを考えると（図 3.3），1 年後まで齢 x の親が生きている確率は第 1 章で定義したように s_x である．生きていた親が齢 $x+1$ で産出する子の数は b_{x+1} である

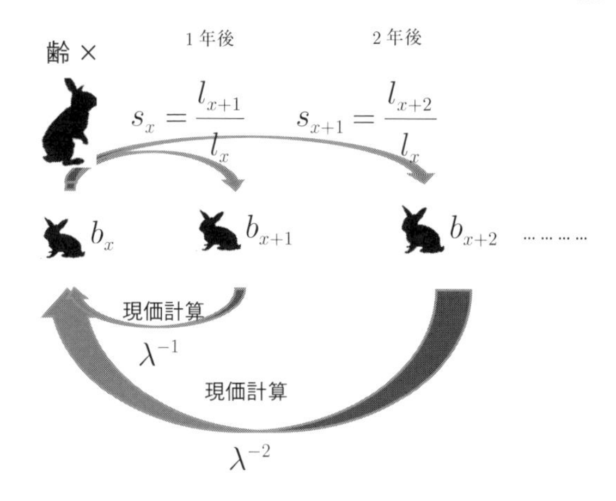

図 3.3 生まれた子の現価計算.

から，齢 x の個体が 1 年後に産める子の期待値は $s_x b_{x+1}$ 個体であるが，その 1 年間の間に個体群は λ 倍に増加しているので，λ で割って，$s_x b_{x+1}\lambda^{-1}$ と現価を計算する[35]．同じ 1 個体であっても，個体群全体への寄与という観点で考えると，個体群サイズが大きいときには寄与が減少していると計算していることになる．さらに，同じ母親が 2 年後に産出する子の期待値の現価は，母親が 2 年間生き残った上での値になるので，$s_x s_{x+1} b_{x+2}\lambda^{-2}$ である．それらをその後の母親の人生全部で合計すると，

$$b_x + s_x b_{x+1}\lambda^{-1} + s_x s_{x+1} b_{x+2}\lambda^{-2} + \cdots \tag{3.18}$$

と続く．通常，齢 0 の個体の繁殖価を 1 とする慣習があるのでそれにならって繁殖価が求められている．フィッシャーによって提案された繁殖価は，その後の個体群行列モデルの研究の発達に伴って，個体群行列の「左固有ベクトル[36]」に対応するということが証明されたため，今では第 1 成分を 1 とする左固有ベクトルを求めることで繁殖価を求めるようになった．式 (3.18) を用いて繁殖価を求めてもいいが，それでは第 2 章で紹介したオオウバユリの例のように，齢を使わずに生育段階で分けた行列の場合には困ることになる．本書では左固有ベクトルを使う方法を紹介しておこう．

左固有ベクトルとは，前節で用いた式 (3.7) $\mathbf{Pw} = \lambda\mathbf{w}$ の $\mathbf{w}$ の代わりに，横ベクトル ${}^T\mathbf{v}$ を行列の左側から乗じた等式，

35) $\lambda < 1$ なら個体群サイズは減少しており，λ で割ることで個体群全体への寄与は大きくなる．

36) left eigenvector.

$$^T\mathbf{v}\mathbf{P} = {}^T\mathbf{v}\lambda = \lambda^T\mathbf{v} \tag{3.19}$$

を満たす縦ベクトル $\mathbf{v}$

$$\mathbf{v} = \begin{pmatrix} v_1 \\ v_2 \\ \vdots \\ v_m \end{pmatrix} \tag{3.20}$$

のことである．式 (3.19) の中の上付き文字 T はベクトルや行列の「転置」，行と列を入れ替える操作，を意味する．この場合，$\mathbf{v}$ の転置ベクトルは，

$$^T\mathbf{v} = (v_1 \quad v_2 \quad \cdots \quad v_m)$$

となる．線形代数では，「ある行列の左固有ベクトルはその行列の転置行列の右固有ベクトル」であることが知られているため[37]，以前に用いた R スクリプトをもう一度応用できる．BOX 3.3 には，鳥類 A の行列の転置行列を作り，その右固有ベクトルを求めた結果を示してある．その結果を用いて，第 1 要素が 1 になるように調整すると，鳥類 A の繁殖価は

37) 教科書などに定理として紹介されている．

$$\mathbf{v} = \frac{1}{-0.057}\begin{pmatrix} -0.057 \\ -0.148 \\ -0.383 \\ -0.910 \end{pmatrix} = \begin{pmatrix} 1 \\ 2.596 \\ 6.719 \\ 15.96 \end{pmatrix} \tag{3.21}$$

となる．

BOX 3.3 鳥類 A の個体群行列の左固有ベクトルの求め方

```
>pa <- rbind(c(0,0,0.6,1.425), c(0.4,0,0,0), c(0,0.4,0,0), c(0,0,0.4,0.95))
```
行列の設定をするコマンド

```
> tpa<-t(pa)
```
行列 pa を転置するコマンド

```
> tpa
```
転置した行列を確認する

```
      [,1] [,2] [,3] [,4]
[1,] 0.000  0.4  0.0 0.00
[2,] 0.000  0.0  0.4 0.00
[3,] 0.600  0.0  0.0 0.40
```

```
[4,] 1.425  0.0  0.0 0.95
> eigen(tpa)                                     転置した行列の固有値・右固有ベクトルを求める
$values
[1]  1.038939e+00+0.000000e+00i -4.446940e-02+3.007066e-01i
    -4.446940e-02-3.007066e-01i
[4] -1.110223e-16+0.000000e+00i
$vectors
              [,1]                    [,2]                    [,3]                 [,4]
[1,] -0.05679892+0i  0.4915303-0.1486284i  0.4915303+0.1486284i -5.547002e-01+0i
[2,] -0.14752650+0i  0.0570887+0.3860395i  0.0570887-0.3860395i  4.480901e-17+0i
[3,] -0.38317751+0i -0.2965583+0.0000000i -0.2965583-0.0000000i -1.182958e-15+0i
[4,] -0.91004660+0i -0.7043260+0.0000000i -0.7043260+0.0000000i  8.320503e-01+0i
```

同様に，鳥類 B の繁殖価を求めると，

$$\mathbf{v} = \begin{pmatrix} 1 \\ 1.320 \\ 1.743 \\ 2.302 \\ 3.039 \\ 1.013 \end{pmatrix} \tag{3.22}$$

となる[38)].

38) これもぜひ各自で計算してみてほしい．

3.5 オオウバユリ集団の個体群成長率・安定生育段階構成・繁殖価

第 2 章では，北海道の多年生草本オオウバユリの 13 年間にわたる調査データからどのようにその個体群行列を作成するかを解説した．また，その生活史についても紹介し，この植物はサケのように特徴のある 1 回繁殖型[39)] 生物であることを述べた．この節では，オオウバユリの 3 つの個体群統計量（個体群成長率・安定生育段階構成・繁殖価）を求めてみよう．

39) 1 回の開花で地下部も含めて個体は死亡する．

式 (2.4) で示していたオオウバユリの個体群行列は，

$$\mathbf{P_O} = \begin{pmatrix} 0 & 0 & 0 & 0 & 0 & 22.6 \\ 0.368 & 0.488 & 0.075 & 0.004 & 0 & 0 \\ 0 & 0.079 & 0.490 & 0.035 & 0.004 & 0 \\ 0 & 0.002 & 0.211 & 0.171 & 0.035 & 0 \\ 0 & 0 & 0.074 & 0.605 & 0.329 & 0 \\ 0 & 0 & 0.002 & 0.031 & 0.541 & 0 \end{pmatrix} \tag{3.23}$$

である．2.3, 2.4 節で説明したように，オオウバユリの場合は齢ごとの生残率を求めるのをやめて，葉の枚数を基準にした生育段階を考え，生育段階間の推移確率を求めていた．6 つの生育段階は，それぞれ，当年生実生，1 枚葉，2 枚葉，3 枚葉，4 枚葉以上，開花段階であった（図 2.4 参照）．この行列から，当年生実生のおよそ 37%は翌年まで生き残り，1 枚葉個体になり，1 枚葉の約 49%は翌年も 1 枚葉のままで，約 8%が 2 枚葉に，ごくまれに 0.2%の個体が 3 枚葉になることが分かる．1 枚葉個体について言えば，3 つの推移確率の和 $(0.488 + 0.079 + 0.002 = 0.569)$ がその生残率である．同様に，他の生育段階の生残率も求めてみると，2 枚葉, 3 枚葉, 4 枚葉以上の生残率は，0.853, 0.845, 0.908 である．1 枚葉個体の生残率に比べると，2 枚葉以上ではかなり死ににくくなっていることが見て取れる．

3.2 節で解説したように，「**時間が十分経過した時の個体群成長率は，行列の最大固有値に等しい**」ので，BOX 3.1 で紹介した R 言語のプログラムを用いると，固有値は 6 個あり，

$$0.933, \quad 0.547 + 0.517i, \quad 0.547 - 0.517i,$$
$$-0.104 + 0.44i, \quad -0.104 - 0.44i, \quad -0.342$$

であると求められる．その中で，絶対値が最大のものを取り出して[40]，個体群成長率は 0.933 であることが分かる．このオオウバユリ集団では，個体数が年々およそ 6.7%ずつ減少する傾向にあることが分かる．

また，同じように BOX 3.1 のスクリプトを利用して，最大固有値に対応する右固有ベクトルを求め，すべての要素の和が 1 になるように調整すると[41]，

（当年生実生, 1 枚葉, 2 枚葉, 3 枚葉, 4 枚葉以上，開花）

40) R のコマンド，eigen，では，絶対値の大きい順に並べられることになっているので，最初の一つが絶対値最大である．

41) 3.3 節の最後の文章を参照のこと：「要素の和が 1 になるように規格化された右固有ベクトルは安定生育段階構成である」．

$$= (0.461, 0.394, 0.072, 0.022, 0.031, 0.019)$$

であり（図 3.4a），個体群動態が安定した時の 6 つの生育段階の個体数の割合が得られる．オオウバユリでは，2 枚葉以上の個体はかなり死ににくいにもかかわらず，2 枚葉以上の個体は集団内の個体のわずか 14.5%（$= 0.072 + 0.022 + 0.031 + 0.019 = 0.145$）にすぎないことが分かる．

さらに，左固有ベクトルを求めて，繁殖価の定義の慣習に習い，第 1 成分が 1 になるように規格化すると[42]，

$$(1, 2.53, 13.77, 19.76, 22.88, 24.21)$$

となる（図 3.4b）．生残率の低さを反映してであろう．当年生実生や 1 枚葉個体の繁殖価はとても低く，3 枚葉以上の個体の繁殖価と対極をなしている．

個体群行列によって求められる個体群統計量は，この章で紹介した 3 種類のものに限られるわけではない．他にもいくつかの新たな個体群統計量が一枚の行列から導出されることが分かっており，そのことで，個体群行列モデルは多くの生態学研究者に用いら

[42] 3.4 節で解説したように，「繁殖価は第一成分を 1 とする左固有ベクトルに対応する」．

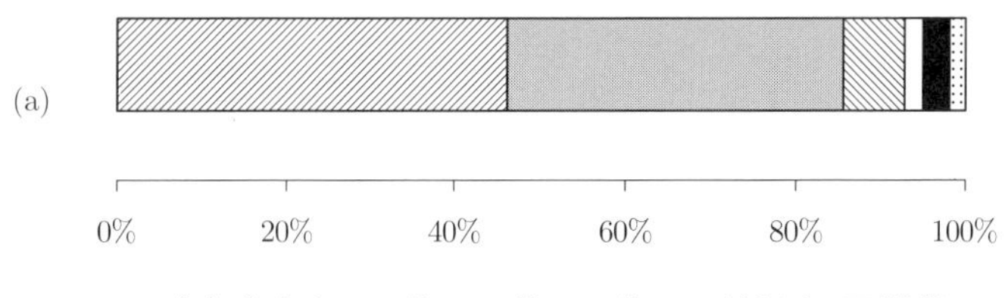

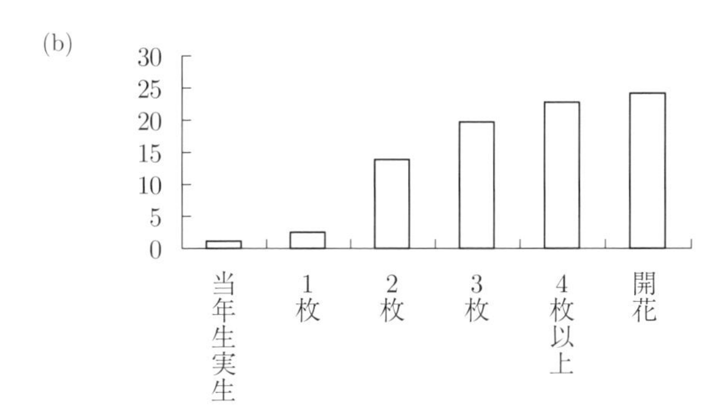

図 3.4　オオウバユリ集団の (a) 安定生育段階構成，および (b) 繁殖価．

れるようになり，今日では個体群行列モデルを用いた論文の数は，動植物を合わせると数千を数えるまで増加した．それらのデータ蓄積のもとで，ドイツのロストック市にあるマックスプランク研究所の人口統計学部門では，すでに出版された論文中に得られている個体群行列のデータベース作成を始めた．その結果，植物のデータベース（COMPADRE と名付けられた）が 2014 年に，動物のデータベース（COMADRE と名付けられた）は 2016 年に，インターネットで公開された．現在約 1200 種，1 万 1000 の個体群行列が両データベースで提供されている．そのデータベースには，各調査集団の種名，調査地の緯度経度や，調査期間などの付加情報を含んだ上で，生存率や繁殖率が個体群行列の形で示されている[43]．興味のある方は，https://compadre-db.org にアクセスされることをお勧めする．以下の第 5 章では，他の新たな個体群統計量の導出方法や解析手法について解説することにする．

[43] 詳細は，文献 [3-4] を参照してほしい．

3.6 個体群生態学以外の応用例

序章後半に，農地・宅地・森林などの土地利用形態に関する変遷データから，将来の森林面積の維持へ向けた施策への可能性に言及した．この場合，例えば，土地を区画に分け[44]10 年ごと[45]の土地利用形態[46]を記録し変遷（推移）した区画数を数えることで行列を求められる．この場合，繁殖に相当する項は出てこない．そして，最大固有値は常に 1 になることが示されている．土地利用形態の頻度分布が個体数ベクトルに対応し，それは同じ行列を掛けていくと固有値 1 の固有ベクトルに収束することが示される．

こうして，これまでの土地利用の変遷データから将来の森林面積などの予測が可能となる．それが望ましい量（割合）でないなら，宅地（跡）や農地のどのくらいを森林に戻す調整をすればよいかなどを，本章と同じ理論で示すことができる．

[44] 1 区画が 1 個体に相当する．

[45] 土地利用は 1 年で変わることは少ないだろうから，仮に 10 年とした．

[46] 生育段階に相当する．

4 行列要素の推定法 1 ——統計モデルと最尤法

第 3 章では，個体群行列が与えられたとき，数学（線形代数）の定理から導かれる個体群の変動（個体群動態）についての特徴量の例を 3 つ[1] 解説した．この章では，図 2.2 のようなデータから個体群行列を作る方法[2] について考える．

[1] 固有値 = 個体群成長率，右固有ベクトル = 安定生育段階構成，左固有ベクトル = 繁殖価．

[2] 正確にはデータからの推定法．

4.1 不十分な情報でも最善を尽くす

2.2 節や 2.6 節を読むかぎり，個体群行列を作る作業に何の技術も必要ないように思えるかもしれない．例えば，ある年に生育段階 1 の個体が n_1 個体いて，そのうちの m_1 個体は生育段階 1 のままで，m_2 個体が生育段階 2 になり，m_0 個体が死亡したとする．生育段階 1 の生残率は $1 - m_0/n_1$[3]，生残して生育段階 1 のままでいる確率は m_1/n_1, 生育段階 2 への確率は m_2/n_1，と推定するだけである．しかし，そう推定しないといけない「決まり」があるわけではない．実際，そう推定しない場合も普通に見られる[4]．また，2.4–6 節では 4 枚葉以上の個体を一つの生育段階としたが，仮に 7 枚葉の個体まで別々の生育段階にしたとすると，7 枚葉の 3 個体は翌年すべて開花しているから，確率 1 で開花という生育段階へ推移することになる．ところで，データはわずか 3 個体である．そのすべてが翌年開花したからといって，7 枚の葉を付けたら翌年必ず開花するというのも，何となく乱暴な気がする[5]．

[3] 死亡率は m_0/n_1.

[4] 第 6 章ではその具体例を示す．

[5] 一つの対処法は，2.4–2.5 節のように生育段階の決め方をある程度データにも合わせるというものである．第 6 章 6.9 節では，今一つの方法としてベイズ統計を用いるものを紹介する．

この章では，データからどのように行列の要素を推定するか，その統計的な基本概念を解説する．当たり前のことだが，我々に真の個体群行列を知る術はない．そもそも現実の生物集団が個体群行列に従って個体数を変動させているわけでない．あくまで，自然の営みを簡略化して数式で表したのが個体群行列モデルである．それでも，人間にできることもある．その一つが，手元のデータから「推定」することである．

本章では，最初に，野生動物を捕獲し，番号などの付いた標識を装着して解放し，それらの生残と生育段階を毎年追跡調査して得られる捕獲調査データの場合を取り上げる．

動物は動く[6]．翌年以降も発見できるとは限らない[7]．発見できれば問題なく生残していたことが分かる．一方，発見できなかったとき，それは生残していたのに発見に失敗したのか，死んでいたから発見できなかったのか，多くの場合，区別できない．概して，標識を付けた動物が死ぬと，その死亡を確認できない．それは何も，ゾウの伝説のように，死期を悟ったゾウがゾウの墓場へ静かに移動し骨と化すというような状況を意味するわけではない．まず，動くことで動物は発見しやすくなる[8]．標識の付いた死骸が残っていても，地面のどこかに転がっているのでは発見しにくい[9]．捕食者に食われたら[10]死骸も標識も捕食者の体内で見つけようがない．死んでしまえば罠にかかることもない．死骸は体温を持たず移動もしないので，熱に反応するセンサーカメラに写らない．標識だけを見つけたとき，死んで死骸が腐敗した後に標識だけ残ったのか，装着が不完全だったなどのせいで生きているときに標識が取れてしまったのか，確実に区別する術のない場合が多い．

要するに，発見できなかったとき，それが死んだから発見できなかったのか，生きていたのに発見できなかったのか，確実に区別する術がない．だからといって，標識付死骸を発見したようなときだけ死亡としたのでは，たいていの場合，死亡率を過少推定する．

このように，確実な情報を得にくいという状況は，野外の生き物を対象とする場合，普通に起こる．そのようなときは，不確実ながら，今できる「最善を尽くす」のが至極当然の選択であろう．最善を尽くす選択の一つが，統計モデル (statistical model) を用いる推定である．そのアイデアや発想を理解するには，図2.2のオオウバユリのように，全個体を識別して経年変化を追っていて不確実性の小さいデータの場合の事例より，標識を付けた野生動物の発見のようなあいまいなデータしか得られていないときから

[6] アタリマエ．なお，海のサンゴのように固着性の動物もいる．

[7] 動物によっては目視で発見でき，デジタルカメラで写してパソコンで拡大すると標識番号を読めたりする．再捕獲しないと発見しにくい種もいれば，センサーカメラなどで発見できる種もいる．

[8] 野鳥観察で，鳥が動いた瞬間に見つけられるのと似ている．

[9] 草むらの中や落ち葉の下，池や川の中に落ちた標識の発見の難しさは想像しやすいだろう．

[10] 標識ごと丸飲みされた．

始めるほうが，分かりやすいと思われる[11]．

「正しい推定」でなく「不完全ながら最善の推定」が目標なので，「発想」の切り替えが求められる．統計モデルを用いる推定法においては，以下のような3つの発想が鍵となる．

1. 階層モデル (hierarchical model)：自然環境の中での生残か死亡かという状態の変化（生態系の過程）と，人による計測や観察などのデータ生成過程を，階層に分けて数式表現する．
2. 未知パラメータ (unknown parameter, free parameter)：生残率などの推定したい数値を数式の中で未知の文字（パラメータ parameter）で表す．
3. 確率：状態の変化とデータ生成過程には，それぞれ，生残するかどうか，発見できるかどうか，という不確実な要素が入ってくる．それを確率分布という数学で表現する．特に，データは確率分布からのランダムなサンプルであるという仮定を設ける．

11) 多くの統計の本では，数式の易しい場合を先に取り上げている．しかし，数式が単純で結果として単純な推定法しか出てこない事例だと，かえって統計モデルの意義を感じ取りにくいという欠陥を伴う．本書では，数式がより単純なオオウバユリのような場合は，後の4.12節で解説する．

4.2 標識調査データから生残率と発見率を推定する統計モデル

ある年，動物を捕獲し標識を付け解放し，翌年からそれらの調査を2回（2年）行ったとする[12]．発見できたら○，できなかったら×という記号で表すと，例えば図4.1のようなデータが得られるであろう．

数式を単純にするため，標識を付けて解放した個体の，年間の生残率と発見率は，それぞれ一定と仮定する．図4.1のような標識調査データ[13]があるとき，生残率と発見率は，どのように推定すればいいだろう．

まず，そこには，自然の営みと人間の所業という，2つの異なる過程が混ざっていることに注意する．すなわち，動物が翌年まで生残するかどうかは自然の営みである．一方，発見できるかどうかは人の営みである．そこで，まず1年にわたる動物の生残という生態系の過程があり，その後で人の調査というデータ生成過程があると考える．2つを階層に分け，前者を上位，後者を下位に置く[14]．

12) 最初の捕獲・標識装着・解放を入れると足かけ3年の調査．

13) 再捕獲して生残や生育段階を調べる場合，英語ではCapture-Mark-Recapture (CMR) dataと呼ばれる．

14) 3つの発想の「1. 階層モデル」に対応する．

標識番号	調査1	調査2
1	○	×
2	○	○
3	○	○
4	○	×
5	○	○
6	○	×
7	○	○
8	○	○
9	×	○
10	×	×
11	○	○
12	×	○
13	×	×
14	×	○
15	○	×
⋮	⋮	⋮

図 4.1 標識調査データの例.

生残過程では，各個体が生残するか死亡するか，定かでない．そこで，ある確率で生残すると仮定し[15]，この不明な生残率を s で表す[16] ことにする[17]．生残していた場合に発見できるかどうかも運不運による，そこでこれも，ある確率で発見できると仮定し，不明な発見率を p とする[18]．

したがって，各個体は，それぞれ確率 s で生残し，確率 $1-s$ で死亡する．生残の場合，確率 p で発見され，確率 $1-p$ で発見に失敗する．死亡していたら発見されない[19]．

個体の生死という状態を，生残していたら「生」，死亡していたら「死」という記号で表すことにする．2 回調査をしたら，考えられる状態のパターンは，生生，生死，死死の 3 通りである．一方，得られるデータは，発見成功を○，失敗を×として，○○，×○，○×，××の 4 通りがある．状態の変化を上，データを下に置き，各データがどのような状況で得られるかを図にして考える (図 4.2) [20]．そして，それぞれのデータが得られる確率を，未知パラメータを含む数式で表す．

まず，○○と×○という発見パターンだった個体では，2 年目の調査で生きて発見されているので，こうした個体は 1 年目の調査時点でも 2 年目の時点でも生残している．したがって，状態として考えられるのは生生だけである．○○というデータが得られたときは，発見は成功・成功で，×○というデータなら失敗・成功

15) 不確実な過程を「3. 確率」で表現する発想に対応する．

16) 確率 $1-s$ で死亡する（死亡率）．

17) 「2. 未知パラメータ」という発想に対応する．

18) これも「2. 未知パラメータ」という発想に対応する．

19) 正確には「確率 1 で発見されないと仮定する」．

20) 「1. 階層モデル」の図示で，この統計モデルの全体像とも言える．

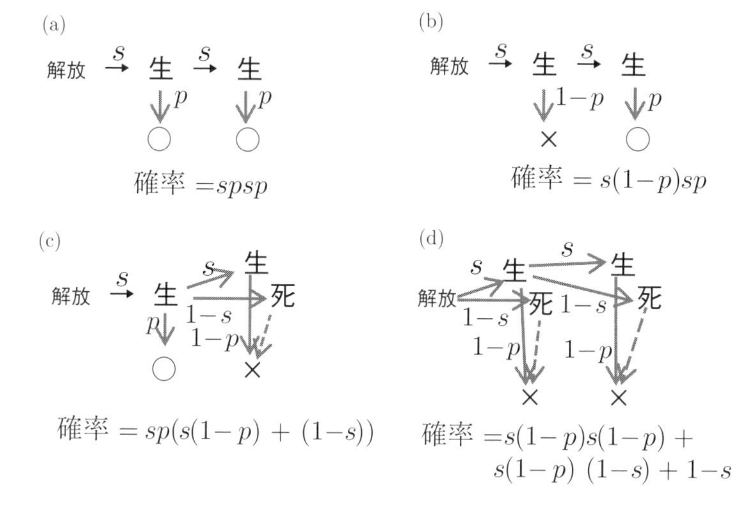

図 4.2　図 4.1 のようなデータから生残率と発見率を推定する統計モデルの概念図.

である（図 4.2a,b）. 1 年目に○というデータが得られる確率は, 生残し[21] かつ発見に成功[22] しているので両者の積 sp である. 2 年目も○である確率は同じように考えられるから, これも sp である. したがって, ○○というデータが得られる確率は, 2 つの確率を掛けた $spsp$ となる（図 4.2a）. 一方, 1 年目が×である確率は, 生残（確率 s）していたが発見は失敗（確率 $1-p$）なので $s(1-p)$ である. 2 年目は生残かつ発見成功なので, 確率は sp である. したがって, ×○というデータが得られる確率は, 2 つを掛けて $s(1-p)sp$ となる（図 4.2b）.

発見パターンが○×の場合, 1 年目の調査では生残して発見成功なので確率は sp である. 2 年目では, 生きていたが発見失敗[23] と, 死んでいて発見できなかった[24] の 2 つの場合が考えられる. したがって, 2 年目に×というデータが得られる確率はこの和[25] の $s(1-p)+1-s$ である. したがって, ○×というデータが得られる確率は, $sp(s(1-p)+1-s)$ となる（図 4.2c）.

××の場合, 状態の変化は, 生生, 生死, 死死の 3 つ[26] が考えられる. 生生のとき, 2 回続けて発見に失敗したわけで, 確率は $s(1-p)s(1-p)$ となる. 1 年目で生きていたが発見されず[27] 2 年目の時点で死んでいた確率は $1-s$ で, このとき, 2 年目の調

21) 確率 s で起こる.
22) 確率 p で起こる.
23) 確率は $s(1-p)$.
24) 確率は $1-s$. このとき, 2 年目の調査では確率 1 で発見されない.
25) 正確には, これら 2 つの事象 (event) が同時に起こることはない, すなわち「互いに排反」な事象だから, という仮定を添える.
26) 生と死の並べ方としては死生もあるが, 死んだ者が生き返ることはないから, このパターンはあり得ない.
27) 確率は $s(1-p)$.

査では確率 1 で発見されない．したがって，生死のとき××という発見パターンになる確率は，この積 $s(1-p)(1-s)\times 1$ となる．死死の場合は，1 年目の調査の時点でもう死んでいる確率は $1-s$ で，このとき，確率 1 で 2 年目の調査の時点で死んでおり，確率 1 で 1 年目の調査でも 2 年目の調査でも発見されない．したがって，この確率は $(1-s)\times 1\times 1$ である．以上から，××というパターンのデータが得られる確率は，この 3 つの和 $s(1-p)s(1-p)+s(1-p)(1-s)+1-s$ となることが分かる（図 4.2d）．

4.3 尤度（ゆうど）という統計の概念に到達

各個体の生死や発見の成功失敗という事象は互いに独立と仮定する．ここで，事象 A と B が独立であるとは，事象 A の起こる確率を P(A)，事象 B の起こる確率を P(B)，A と B が両方とも起こる確率（同時確率）[28] を P(A, B) としたとき，P(A, B) = P(A)P(B) が成り立つことをいう．これは数学の定義であり，現実の動物の生残や発見がこの式を満たすという保証はない．例えばのイメージだが，動物たちが互いに離れて生活していて，人がそれぞれ別な場所，別な時間に発見するような状況なら，それぞれの動物の生残は他個体の生死と関係なく「独立に」決まりそうだし，他の個体の発見の成功失敗と関係なく「独立に」発見されそうである[29]．

図 4.1 のようなデータを 4 つのパターンがそれぞれ何回あるか集計したところ，表 4.1 のようになったとする．これを一般化して，○○というパターンで発見された個体が n_1，×○パターンが n_2 個体，○×パターンが n_3 個体，×○パターンが n_3 個体，××

28) joint probability.

29) 逆に言うと，番（つがい）が常に行動を共にしているなら，一方が発見されたら多くの場合，他方も発見されるだろうから発見は独立でない．明らかに独立でないデータについては，一方を除去するなどの対処をすることが望ましい．

表 4.1 図 4.1 に一部だけ示してあるデータを 4 つのパターンで集計した．

パターン	データ数
○○	38
×○	14
○×	18
××	30

パターンが n_4 個体いたとする．これらがすべて互いに独立という仮定を置くと，○○が n_1 個体で起こる確率は $(spsp)^{n_1}$ となる．同じように，×○が n_2 個体で起こる確率 $(s(1-p)sp)^{n_2}$，○×が n_3 個体で起こる確率は $(sp(s(1-p)+1-s))^{n_3}$，××が n_4 個体で起こる確率は $(s(1-p)s(1-p)+s(1-p)(1-s)+1-s)^{n_4}$ となる．したがって，○○が n_1，×○が n_2，○×が n_3，××が n_4 個体いたというデータの得られる確率は，それらを掛けた

$$(spsp)^{n_1}\cdot\{s(1-p)sp\}^{n_2}\cdot\{sp(s(1-p)+1-s\}^{n_3}$$
$$\cdot\{s(1-p)s(1-p)+s(1-p)(1-s)+1-s\}^{n_4} \qquad (4.1)$$

となる[30]．これを，尤度（ゆうど）[31]という[32]．式 (4.1) 自体は確率だが，確率という数学の概念では，さまざまな場合があり，かつ，すべての場合を足すと 1 になるという状況を想定する．今の場合，s と p は推定したい未知な数量であり，すべての場合を考えるわけでないし，すべての場合を足しても（式 (4.1) を s と p で 2 重積分しても）1 にはならない．つまり確率という概念の中には収まらない．それで，尤度という別の用語を用いる[33]．

尤度は，未知パラメータ s と p の関数になっている．それを明記して

$$L(sp)=(spsp)^{n_1}\cdot\{s(1-p)sp\}^{n_2}\cdot\{sp(s(1-p)+1-s\}^{n_3}$$
$$\cdot\{s(1-p)s(1-p)+s(1-p)(1-s)+1-s\}^{n_4} \qquad (4.2)$$

と書き，尤度関数[34]という．

4.4 尤度の高いほうが尤（もっと）もらしい

表 4.1 のように集計されるデータが得られたとき，いくつかの生残率 s と発見率 p のときの尤度（尤もらしさ）を調べてみる．まず，直観的に「尤もらしそうな」組み合わせ (s,p) と，「尤もらしくない」(s,p) で比較してみる．

表 4.1 を見ると，2 年目までに少なくとも半数以上の 52 個体[35]が確実に生残している．1 年間の生残率を s としているので 2 年目までの生残率は s^2 である．それが 50%を超しているから[36]，

30) 図 4.1 のように個体ごとの発見パターンというデータのときは式 (4.1) で，表 4.1 のように各パターンの数だけからなるデータのときは，正確には，式 (4.1) に $n!/(n_1!n_2!n_3!n_4!)$ を掛けた式 $(n=n_1+n_2+n_3+n_4)$．

31) likelihood.

32) 尤という漢字は，尤もと書いて「もっとも」と読む．尤度とは，そのデータのもとでその統計モデルの尤もらしさの度合い，という意味である．

33) s と p でなくデータ (n_1,n_2,n_3,n_4) のすべての組み合わせを足せば 1 になるが，データは一つ与えられているのですべての場合を加えることは意味を持たない．

34) likelihood function.

35) ○○と×○の合計．

36) さらに○×や××の中にも発見されてはいないが生残個体がいるはず．

	A	B	C	D	E	F
1		未知パラメータ				
2	s	生残率	0.8		尤度	対数尤度
3	p	発見率	0.8		1.85E-58	-132.9
4		パターン	個体数	確率	尤度計算	対数尤度計算
5	1	○○	38	0.4096	1.9E-15	-33.92
6	2	×○	14	0.1024	1.4E-14	-31.90
7	3	○×	18	0.2304	3.3E-12	-26.42
8	4	××	30	0.2576	2.1E-18	-40.69

	D
4	確率
5	=C2*C3*C2*C3
6	=C2*(1-C3)*C2*C3
7	=C2*C3*(C2*(1-C3)+1-C2)
8	=C2*(1-C3)*C2*(1-C3)+C2*(1-C3)*(1-C2)+1-C2

	E	F
2	尤度	対数尤度
3	=PRODUCT(E5:E8)	=SUM(F5:F8)
4	尤度計算	対数尤度計算
5	=D5^C5	=C5*LN(D5)
6	=D6^C6	=C6*LN(D6)
7	=D7^C7	=C7*LN(D7)
8	=D8^C8	=C8*LN(D8)

図 4.3 4つの再発見パターンの個体数がセル C5 から C8 に入力されているとき，未知パラメータの値をセル C2, C3 で与えたときの，尤度と対数尤度を計算させ，それぞれセル E3 と F3 に出力させる Excel シートの例．黒枠で囲まれたセルに入力する数式を下に示した．セル E5 を入力したらコピーして下へセル E8 まで貼り付ける．セル F5 を入力したらコピーして下へセル F8 まで貼り付ける．

s は 70%以上はありそうである[37]．試しに $s = 0.8$，$p = 0.8$[38]．を尤度関数に代入してみると，1.85×10^{-58} という非常に小さい数値が得られる（図 4.3）．

数値が小さくて分かりづらいので，対数をとってみる．本書で出てくる対数はすべて自然対数（底は $e = 2.7182\ldots$）で，これを ln で表すことにする[39]．掛け算やべき乗に関する対数法則 $\ln(ab) = \ln(a) + \ln(b), \ln(a^b) = b\ln(a)$ を使うと，尤度の対数は

$$n_1 \ln(spsp) + n_2 \ln\{s(1-p)sp\} + n_3 \ln\{sp(s(1-p)+1-s\}$$
$$+ n_4 \ln\{s(1-p)s(1-p) + s(1-p)(1-s) + 1 - s\} \qquad (4.3)$$

となる．これを対数尤度[40] という．本書では，尤度関数の対数を

37) $0.7^2 = 0.49$.

38) 単なる当てずっぽう．

39) 計算ソフトでは自然対数をこのコマンドで表すものが多い．

40) log-likelihood.

とった対数尤度関数[41]を

$$
\begin{aligned}
l(s,p) &= \ln(L(s,p)) \\
&= n_1 \ln(spsp) + n_2 \ln\{s(1-p)sp\} \\
&\quad + n_3 \ln\{sp(s(1-p)+1-s\} \\
&\quad + n_4 \ln\{s(1-p)s(1-p)+s(1-p)(1-s)+1-s\}
\end{aligned} \tag{4.4}
$$

と小文字のエルで表すことにする．

尤もらしく感じられる $s=0.8$，$p=0.8$ の対数尤度は -132.9 である．反対に，尤もらしくなさそうな数値，例えば $s=0.1$，$p=0.1$ を対数尤度関数に代入してみる[42]．単純に考えて，生残率が 0.1 なら 2 回目の調査まで生残する個体は $100\times0.1\times0.1=1$ 個体程度のはずで，52 個体も生きているはずがない．対数尤度は -531.6 となり，最初の場合と比べて小さくなっている．確かに，尤もらしそうなパラメータなら（対数）尤度は高く，尤もらしくないときは低そうである[43]．

4.5　尤度の最も高いときが最も尤も（もっとももっとも）らしい

尤度は，そのデータが得られる確率を表す[44]ので，尤もらしくない数値のとき小さく，尤もらしい数値で高くなるのは尤もな考え方に聞こえる．そこで，尤度が大きければ大きいほど尤もらしいと考えると，尤度関数が最大となるときが最も尤もらしい．また，対数関数は単調増加なので，尤度を最大にする s と p と対数尤度を最大にする s と p は同じである．そこで，対数尤度を最大にする s と p の値を求めてみる．今日，たいていの計算ソフトに関数を最大にする値を求める機能が付いている[45]．それを用いると，先ほどのデータの場合，s は 0.81，p は 0.74 のとき，対数尤度-132.3 が得られた[46]．

尤度を最大にするパラメータを[47]，最尤推定値[48]という．尤度を最大にする値でパラメータの推定を行うことを最尤法[49]という．最尤法は，尤もらしい推定値を提供してくれる最善策の一つとして，広く使われている．なお，統計学では慣習的に最尤推定

41) log-likelihood function.

42) 図 4.3 と同じ Excel シートを使うならセル C2 と C3 に 0.1 を入力する．

43) 2 つの例だけでは納得できない人は，図 4.3 のような Excel シートを作って（または他の計算ソフトを使って）自分で計算してみることを勧める．

44) でも確率とは別概念．

45) 表計算ソフト Excel にも，ソルバーという機能があり，図 4.3 のシートなら，セル F3 が最大となるようセル C2–C3 の数値を動かしなさい，という指示を与えることで計算できる．

46) 最大値を求めるには，関数を微分して 0 になる値を求めるのが一つの定石だが，(4.4) のような複雑な関数だと，導関数を 0 にする値を数学としてさっと解けない．

47) もちろん対数尤度も最大にする．その最大値を最大対数尤度 (maximum log-likelihood) という．

48) maximum likelihood estimate.

49) maximum likelihood method.

値をハット記号 ^ を用いて表し，$\hat{s} = 0.81$，$\hat{p} = 0.74$ のように書く[50]．本書もこの慣習に従う．

[50] エスハット，ピーハットと読む．

もちろん，実際の野外の生残率や発見率がピッタリ最尤推定値である保証はない．あくまで，標識を付けた個体の発見というデータからできる「一つの最善」の推定法である．本書の説明を，尤もらしくない，と感じる人もいるだろう．当然，最尤法にはいろいろな問題があり，最尤法以外の未知パラメータの推定法も開発されてきているし，現在も開発され続けている[51]．

[51] 本書でも第 6 章で別の推定法を紹介する．

最尤法に不服な人でも，観察できた生残個体数でもって生残率とする推定，例えば表 4.1 を見ると 1 回目の調査で 56 個体生残を確認しているから生残率 56%という推定と比べたら，最尤法のほうが尤もらしい，と感じるのではないだろうか．それとも，2 回目の調査で 52 個体の生残を確認したから，$s^2 = 0.52$ を解いて 0.72 という生残率のほうが尤もらしいと感じるだろうか[52]．

[52] 発見できていないが生残していた個体がいたという証拠（×○データ）があるのに発見された個体だけで生残率を計算することは明らかにおかしい．では，どうするか．その策の一つが，統計モデルと最尤法である．

未知な数量の推定法に，完璧に正しい方法がないのは当然のことで，そんな中，何らかの推定法を考案し，その問題点を調べ，改善していく．この繰り返しで推定法は進歩する．

4.6　最尤推定値が本当に尤もらしいか確認する

最尤法で一つの推定値を得たからといって，推定作業が完了したと思ったら大間違いである．次の手順として，最尤法で得た数値が，本当に尤もらしいか確認する作業を行うことが望まれる．その方法はいろいろ提案されているが，よく行われている作業の一つに，最尤推定値を用いて，コンピュータの中で実際の標識調査データと同じ数の個体に生死の状態を確率的に与えていき，そこに発見過程を加えてデータを人工的に作ってみる，という方法がある．シミュレーションで人工データ[53]を生成すると称される方法である．

[53] artificial data.

まず 1 個体について，0 と 1 の間の一様乱数を生成する[54]．それが生残率の最尤推定値 $\hat{s} = 0.81$ より小さければ生，大きければ死という状態を与える．これで，確率 0.81 で起こる現象をコンピュータの中で起こさせることになる．生となったなら，今一度 0 と 1 の間の一様乱数を作り，それが発見率の最尤推定値 $\hat{p} = 0.74$

[54] ほぼすべての計算ソフトにこの機能が付いている（Excel では =RAND()）．乱数の生成については第 6 章で改めて解説する．

より小さければ発見の○を与え，大きければ×を与える．死だったら 2 つ目の一様乱数は不要で常に×を与える．

続いて，1 年目で生なら，同じように 0 と 1 の間の一様乱数を生成し，生残率 0.81 より小さければ生，大きければ死とする．生なら今一度一様乱数を生成し，発見率 0.74 より小さければ 2 年目に○，大きい場合と死となった場合は×を与える．また，1 年目が死だったら 2 年目は死と×を与える．この操作を全個体で行う[55]．

最後に，○○，×○，○×，××パターンとなった個体の数を数える．この集計が実際のデータ[56]の集計（表 4.1）と近ければ，最尤推定値は尤もらしそう，と納得できよう．図 4.4 に，こんな作業を実行する Excel シートの例を示す．表 4.1 と似たような数値が出ている．

ここで大切なことは，図 4.4 のような結果はどんな乱数がたまたま出たかに依存し，結果は毎回変わるという点である．1 回やって実データに近い人工データが生成されたからといって終わってはいけない．逆に実データから遠い人工データが得られたとしても，たまたま運が悪かっただけかもしれない．同じ操作を，100 回 1000 回と繰り返す．その中に，ただの一度も実データと同じような人工データがなければ，最尤法で得たパラメータの推定値は疑わしい（尤もらしくない）．

図 4.4 の Excel シートでは，再計算させると乱数が変わる．この作業を 100 回 1000 回繰り返せばいいのだが，それは面倒である．100 回や 1000 回，一気にやってしまいたい．しかし，そのような計算（シミュレーション）作業を Excel で実行しようとしても無理がある．そこから先は，表計算ソフトでなく，何らかの数学や統計のソフトを使うことを勧める[57]．

たくさん生成した人工データが実データと「同じようである」かどうかを判断する一つの素朴な方法に以下のようなものがある．図 4.4 の場合，人工データを 1000 回作ったら，○○パターンの数，○×パターンの数，などがそれぞれ 1000 個ずつ得られる．まず，1000 個の○○パターンの数たちを小さい順に並べ替え，下から 2.5%と上から 2.5%（下から 97.5%）の数字を見る．次に，1000 個の○×の数たちを小さい順に並べ替え，下から 2.5%と上から 2.5%を見る．同じことを×○や××の数についても行う．実データが下から 2.5%より小さい，または上から 2.5%より大きい

55) これで人工データ 1 セットがそろう．

56) 人工データと区別したいとき，実際のデータまたは実データ (real data) と呼ぶことにする．

57) 100 回程度でよければ表計算ソフトでもできないわけではない．

	A	B	C	D	E	F
1	パラメータ					
2	s	生残率	0.81		生	○
3	p	発見率	0.74		死	×
4		パターン	個体数			
5			実データ	人工データ		
6	1	○○	38	49		
7	2	×○	14	8		
8	3	○×	18	22		
9	4	××	30	21		
10		状態（生死）		観察（発見）		
11		1年目	2年目	1年目	2年目	パターン
12	1	生	生	○	×	○×
13	2	生	生	○	○	○○
14	3	生	生	×	×	××
15	4	生	死	○	×	○×
16	5	生	生	○	○	○○
17	6	生	死	×	×	××
18	7	生	生	×	○	×○
19	8	生	生	○	×	○×
20	9	生	生	×	○	×○

	D
5	人工データ
6	=COUNTIF(F$12:F$111,B6)
7	=COUNTIF(F$12:F$111,B7)
8	=COUNTIF(F$12:F$111,B8)
9	=COUNTIF(F$12:F$111,B9)

	F
12	=D12&E12
13	=D13&E13

	B	C
11	1年目	2年目
12	=IF(RAND()<C$2,E$2,E$3)	=IF(B12=E$3,E$3,IF(RAND()<C$2,E$2,E$3))
13	=IF(RAND()<C$2,E$2,E$3)	=IF(B13=E$3,E$3,IF(RAND()<C$2,E$2,E$3))

	D	E
11	1年目	2年目
12	=IF(B12=E$3,F$3,IF(RAND()<C$3,F$2,F$3))	=IF(C12=E$3,F$3,IF(RAND()<C$3,F$2,F$3))
13	=IF(B13=E$3,F$3,IF(RAND()<C$3,F$2,F$3))	=IF(C13=E$3,F$3,IF(RAND()<C$3,F$2,F$3))

図 4.4 人工データの生成法と最尤推定値を用いて生成した人工データ例の一部．下や右に黒枠で囲まれたセルに入力する数式を示した．セル B12 からセル F12 を入力したらコピーして下に 100 行貼り付ける．セル D6 を入力したらコピーして下へセル D9 まで貼り付ける．

なら，そんなデータはこのパラメータのもとでは 5%以下の確率ででしか生成されないようだから，疑わしいと判断する[58]．

図 4.4 のデータについて，この作業を 100 回繰り返したところ，4 つのパターンの回数について，上下 2.5%点[59] と実データを重ねて表示し，さらに参考までに人工データ 100 セットの真ん中の指標として中央値も示したのが図 4.5 である．実際のデータは，シミュレーションの中のだいたい真ん中に位置している．つまり，$\hat{s} = 0.81$，$\hat{p} = 0.74$ という生残率と発見率のもとで，確かに表 4.1 のように集計されるデータは発生しやすい．だから，この推定値は尤もらしいと判断する．

58) 表 4.1 にある 4 つの数値がすべて真ん中 95%の範囲に収まっていたら，ひとまず最尤推定値は尤もらしいと判断する．ではもし 3 つは 95%の範囲なのに一つだけ外ならどう判断するのか．4 つそれぞれでなく，4 つを集約した統計量（例えばカイ 2 乗統計量）を作って，まとめて評価する方法もある．しかしこれはこれで別な問題もある．本書では，直観的にそのパラメータの組み合わせで与えられたデータを生成できそうか，という確認作業に止める．

59) パーセンタイル（percentile）と呼ばれ，Excel では =PERCENTILE(,) というコマンドで計算する．

	パラメータ	
s	生残率	0.81
p	発見率	0.74

パターン	実データ	人工データ		
		中央値	2.5%	97.5%
○○	38	37.0	25.0	44.0
×○	14	12.0	7.5	19.5
○×	18	23.0	15.5	31.0
××	30	28.0	20.0	36.5

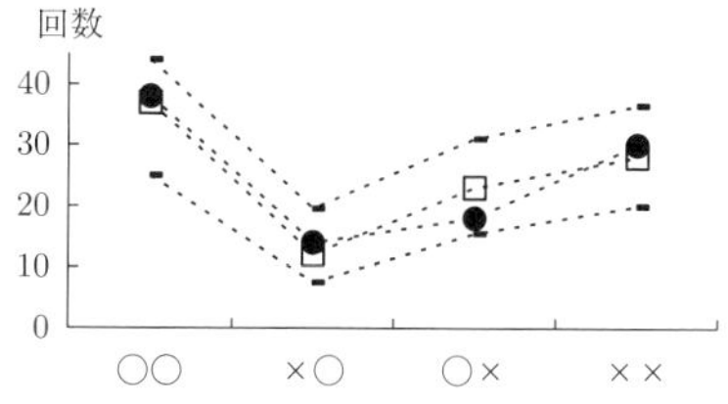

図 4.5 最尤推定値は尤もらしい確認．最尤推定値を用いて人工データを 100 回生成し，4 つのパターンの出た回数の下から 2.5%と上から 2.5%（−）と中央値（□）を計算し，実際のデータ（●）と合わせて右にグラフ化した．

4.7 最尤推定値から遠いと尤もらしくない確認

最尤推定値が「良さげ」なら，逆に最尤推定値から遠い数値では，実際のデータのような人工データが得られにくいことをシミュレーションで確認してみるのもいい．図 4.6 は，試しに $s = 0.1$, $p = 0.1$ としたときの，100 回のシミュレーションで作られた 4 つのパターンの数を集計したものである．確かに，表 4.1 と著しく違う数値しか出てこない．4.4 節で試したように，このパラメータのときの対数尤度は −531.6 と最尤推定値のときと比べて小さかった．対数尤度の小さいパラメータは，確かに尤もらしくない．

	パラメータ	
s	生残率	0.10
p	発見率	0.10

パターン	実データ	人工データ		
		中央値	2.5%	97.5%
○○	38	0.0	0.0	0.0
×○	14	0.0	0.0	1.0
○×	18	1.0	0.0	2.0
××	30	99.0	98.0	100.0

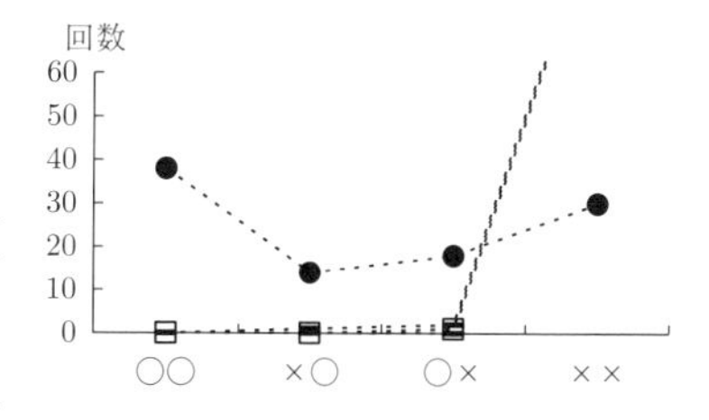

図 4.6 最尤推定値から遠いパラメータは尤もらしくない確認．最尤推定値から遠いパラメータを用いて人工データを 100 回生成し，4 つのパターンの出た回数の下から 2.5%と上から 2.5%（−）と中央値（□）を計算し，実際のデータ（●）と合わせて右にグラフ化した．

4.8 最尤推定値から少しずれても同じくらい尤もらしい？

さらに，最尤推定値から少し違う値で，果たしてどのくらい，実データと遠い人工データしか作られなくなってしまうのか，確認してみるのもいい．図 4.7 は，$s = 0.9$，$p = 0.65$ としたときに作られた人工データを集計したものである．最尤推定値 $\hat{s} = 0.81$，$\hat{p} = 0.74$ から若干外れても，実際のデータに近い人工データは生成できるようである．

パラメータ		
s	生残率	0.90
p	発見率	0.65

パターン	実データ	人工データ		
		中央値	2.5%	97.5%
○○	38	33.0	25.0	42.5
×○	14	18.0	11.0	28.0
○×	18	24.0	17.0	34.0
××	30	24.0	15.5	34.0

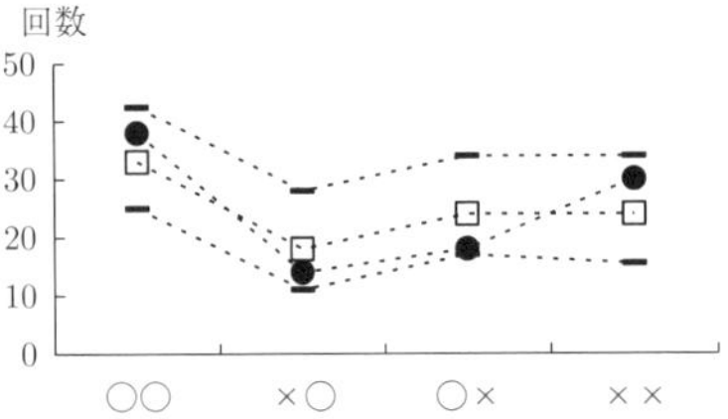

図 4.7 最尤推定値から近いパラメータも尤もらしい確認．最尤推定値でないが近いパラメータを用いて人工データを 100 回生成し，4 つのパターンの出た回数の下から 2.5%と上から 2.5%（−）と中央値（□）を計算し，実際のデータ（●）と合わせて右にグラフ化した．

なお，$s = 0.9$，$p = 0.65$ のときの対数尤度は -133.9 で，最大対数尤度 -132.3 より少し小さい．ただ，対数尤度は尤度という統計概念の対数をとった統計概念なので，1 や 2 の差が「小さい」のか「大きい」のか，直観が効かない．図 4.2 のような統計モデルと表 4.1 のように集計されるデータの場合，図 4.7 を見るかぎり差は小さいように思えるが，当面はこうした直観は働かせないことを勧める．

尤度関数 (4.2) は 2 変数なので，3 次元や等高線グラフを描くことができる．図 4.8 は生残率と発見率を 0.01 刻みで変えて対数尤度を計算し，結果を表示したものである．対数尤度の高い所が右下がりに広がっている様子が見られる．これは，生残率が高く発見率が少し低めのときと，生残率が少し低めで発見率が高いときで，対数尤度はだいたい同じになる[60] ことを意味する[61]．図 4.2

[60] 2 つのパラメータの組み合わせは同じくらい尤もらしい．

[61] そんな中で最尤推定値は最も尤もらしい．

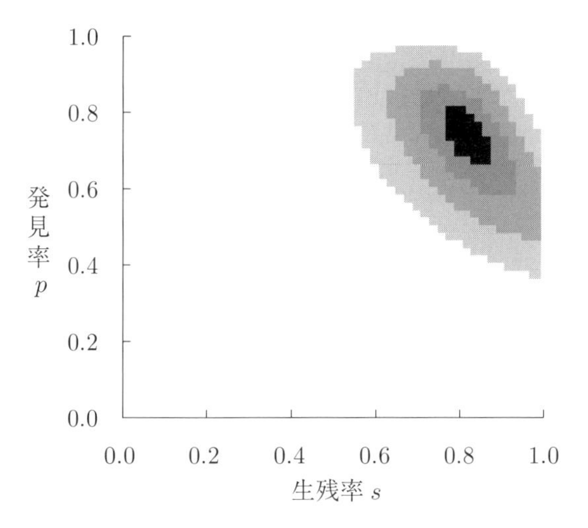

図 4.8 対数尤度関数の 3 次元グラフ．表 4.1 のデータが与えられたときの図 4.2 の統計モデルの対数尤度関数の値を 2 つのパラメータについてそれぞれ 0.01 刻みで計算して描いた．黒：−130 以上，灰色は濃さの順に −135 以上，−140 以上，−150 以上，白は −150 未満．

のような統計モデルと表 4.1 のように集計されるデータから生残率と発見率を分離して推定できると書いてきた．しかし，現実問題，データ数が少ないと，図 4.8 のように生残率が 0.75 から 0.85 くらいで発見率が逆に 0.8 から 0.7 くらいだと，対数尤度値はだいたい同じで，さらに $s = 0.9$，$p = 0.65$ でも図 4.7 のように実際のデータに近い人工データを生成できることから，それなりに尤もらしいようである．

4.9 データ数の影響

最尤推定値からどのくらい離れるとどのくらい尤もらしさが失われるか．これは，データの量に左右される．100 個体に標識を付けた調査より 200 個体，200 個体より 1000 個体のほうが，より正確な推定値を得られるはずである．だから，データ数が多いと，最尤推定値に近いパラメータ値でないと実データと異なる人工データが生成されるに違いない．これをシミュレーションで確かめてみる．

図 4.9 は，図 4.3 と 4 つのパターンの割合は同じだが個体数はそれぞれ 10 倍になっている[62]．最尤推定値を求めてみると，図 4.3 と同じ $\hat{s} = 0.81$，$\hat{p} = 0.74$ を得た[63]．このとき，$s = 0.9$，$p = 0.65$ としたときに作られた人工データを集計してみる．すると，図 4.7 の場合と異なり，実データと同じような人工データを生成できていない様子が分かる（図 4.9）．

62) 実データの列は図 4.3 のセル C5 から C8 の数値の右に 0 を一つ付けたものになっている．

63) これも，当然そうなる，と決めつけず，自分で計算ソフトを動かすか，または式 (4.3) で確かめてみることを勧める．

パラメータ		
s	生残率	0.90
p	発見率	0.65

パターン	実データ	人工データ 中央値	2.5%	97.5%
○○	380	236.6	212.0	260.5
×○	140	132.4	113.0	155.0
○×	180	253.3	228.5	281.5
××	300	377.7	354.5	402.5

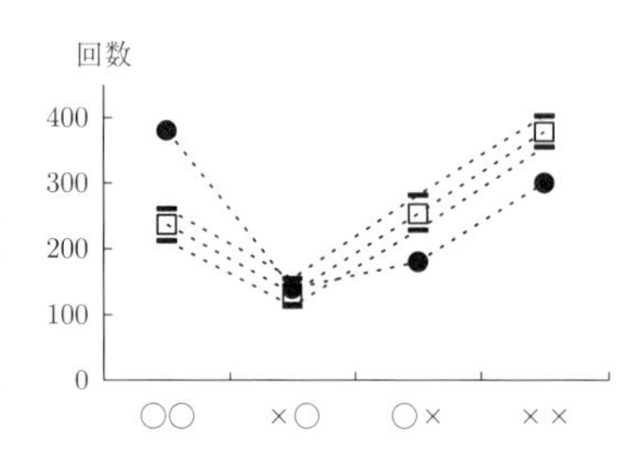

図 4.9 図 4.3 と 4 つのパターンの割合は同じだがデータの個体数が 10 倍のとき．最尤推定値に近いパラメータ（図 4.7 のときと同じ）を用いて人工データを 100 回生成し，4 つのパターンの出た回数の下から 2.5%と上から 2.5%（−）と中央値（□）を計算し，実際のデータ（●）と合わせて右にグラフ化した．

4.10 最尤推定値を用いたモデルもデータと合わないとき

最尤推定値を用いた統計モデルでも，実データと異なる人工データしか生成しないこともある．図 4.10 はそんな例である．4 つのパターンのデータ数から最尤法を行って最尤推定値 $\hat{s} = 0.45$，$\hat{p} = 0.93$ を得た．そこでこのパラメータの組み合わせを用いて人工データを生成してみたが，図 4.10 の中のグラフのように，実データの○×パターンの数は人工データの 95%の範囲に収まっていない．

このような場面に直面したら，それは多くの場合，最尤法という推定法の問題でなく，統計モデル自体の問題であろう．つまり，生残率や発見率を一定とした仮定が現実離れしていた可能性である．

実は，図 4.10 のデータは，1 年目と 2 年目で生残率を変えて人工的に作ったデータだった[64]．生残率の最尤推定値は 2 つの値の中間的な数値 0.45 になっている．しかし，1 年目の生残率が高く

64) 1 年目は 0.8，2 年目は 0.2，発見率は同じ 0.7．

パラメータ		
s	生残率	0.45
p	発見率	0.93

パターン	実データ	人工データ		
		中央値	2.5%	97.5%
○○	9	16.0	9.5	23.0
×○	1	1.0	0.0	4.0
○×	47	25.0	17.0	33.5
××	43	57.0	47.5	65.0

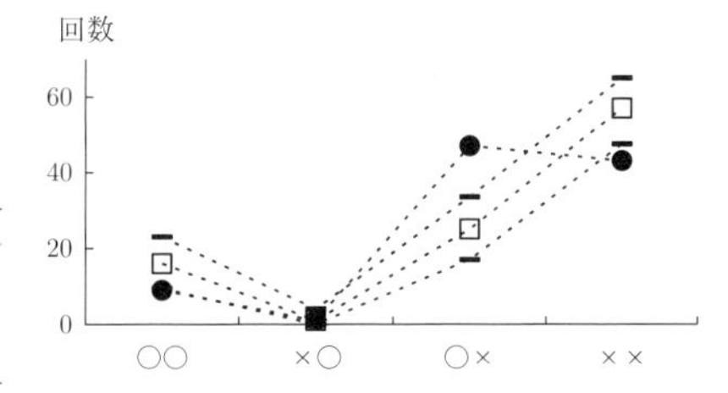

図 4.10 最尤推定値でも実データに近い人工データが生成されない例. 4 つのパターンが 9, 1, 47, 43 個というデータについて最尤法を実行して得た最尤推定値 (0.45 と 0.93) を用いて人工データを 100 回生成し, 4 つのパターンの出た回数の下から 2.5%と上から 2.5% (−) と中央値 (□) を計算し, 実際のデータ (●) と合わせて右にグラフ化した.

2 年目は低いため, 実データでは○×パターンが多くなっている. 一方, 1 年目も 2 年目も同じ生残率として人工データを生成すると, そんなに多くの○×パターンは出てこない.

このような場合, データのパターンをよく観ることで, どのような修正が必要か考える. 今の場合, 1 年目だけ発見された○×パターンが 47 個体と多いのに, ×○パターンは 1 個体と少ない. 生残率が 2 年間同じと仮定したらこんなデータが得られるはずがないという直観が働けば, それではどのような仮定を置く統計モデルに修正するかを考え始められる. そのとき, 不適切に単純化された統計モデルの最尤推定値を用いたシミュレーションは, どの仮定が非現実的か, 目星をつけるのに有効である[65].

本書では詳述しないが, 標識調査データにおける生残率や発見率は, 環境条件の影響を受ける場合が多い. 同じ場所で調査をしても, 年によって気温や降水量が変わることで生残率は違ってくるだろうし, 発見率は天候にも左右される. その場合, s や p は定数でなく, 環境データを含む数式で表し, 環境変量の係数の最も尤もらしい数値を最尤法で求めるやり方が広く使われている.

なお, 環境条件などを加味した複雑な階層モデルを作ろうにも, 肝心の環境データがなければ作ったところで未知パラメータの推定はできない. 標識を付けた個体の調査では, ともすれば発見に注力しがちだが, 標識調査データだけでは, 生残率も発見率も一定とするモデルくらいしか作ることができない[66]. 野外調査の成否は, 調査を始める前の計画段階でかなりのところまで実は決まっ

[65] 図 4.10 のデータを見ただけで 1 年目と 2 年目の生残率は違っているはずだ, という直観が働くならなおいい.

[66] 気象庁のホームページから気温や降水量などの気候データをとってきて, その影響を調べることなど, 可能なこともある.

てしまうのである．

4.11　1 回の調査だけでは推定できない

今までの話は，捕獲・標識装着・解放の後，2 回の調査をしたという前提で行った．標識を付けた個体の調査は決して容易でない．だから，1 回の調査で済ませられないか．

答えは「否」である．これは尤度式を書き下せばはっきり認識できる．

1 回の調査で発見される確率は，生残かつ発見成功だから sp である[67]．発見できないのは，死亡または生残かつ発見失敗だから，$1 - s + s(1 - p)$ である．これは $1 - sp$ と簡単にできる．尤度式は，発見が n_1 個体で発見できなかったのが n_2 個体なら，$sp^{n1}(1 - sp)^{n2}$ である．これ（またはこの対数）が最大になる s と p を計算すればよい．ところが，尤度式は s と p が sp という積の形で入っている．したがって，ある (s, p) での尤度と，例えば $(10s, 0.1p)$ の尤度も同じになる．だから s と p の最適値は存在しない[68]．

また，パターン×○が少ないと発見率の推定が怪しく，生残率もうまく推定できなくなる．これは，×○データだけが，生残していたのに発見できなかった確かな証拠を与えるからである．×○データが少ないとき，一つの解決策は調査の継続である．3 回 4 回と調査をする中から，××○データや×××○データが得られれば，それぞれ確かな発見失敗という情報を提供してくれる．

なお，1 回目と同じ捕獲調査をする場合，再捕獲調査までの期間が短いなどの理由でその間に解放した個体が死亡する可能性が極めて低いなら，再捕獲できた割合を捕獲率と考えることで[69]，最初の捕獲数 ÷ 再捕獲率でそこにどれだけの個体がいるか，総個体数の推定ができる．これが標識・再捕獲調査がよく行われる理由の一つである．ただ，その間の死亡率が 0 であるという仮定[70]を置く根拠が乏しいなら，相当に怪しい個体数推定であることを認識しておくべきである．

67) 4.2 節の計算の説明における 1 回目の発見までと同じ．

68) これも自分で計算ソフトを使ってやってみると体験的に認識できる．数学に強い人も自明と思わず試してみることを勧める．それはまた，こうした最適値がない場合，その計算ソフトがどういう反応を示すかを知る機会となり，後日，最適値があるかないか分からないとき，どうもなさそうだというアタリを付けられる，といった恩恵を受ける．

69) 厳密には捕獲率の最尤推定値，次節参照．

70) 正確には再捕獲できないくらい遠くに移動してしまう移出率 (emigration rate) も 0 である，という仮定も必要．

4.12 植物のモニタリングデータからの行列要素推定

植物では，死んでいたら枯死個体を現地で確認するか，そこに存在していないことで死亡を確認できる[71]．生残していたときの生育段階も観察して確かめられる．だから，統計モデルは不要に思える．しかし，生育段階と枯死という状態の変化と，それがそのまま観察されるというデータ生成過程からなる階層モデルを考えることで，同じように最尤法を適用できるはずである．

単純にするため，生育段階を 2 つとし，生活史ではすべての生育段階間の推移を考えることにする．未知パラメータは，生育段階 1 から 1 への推移確率 p_{11}, 1 から 2 への p_{21}, 2 から 1 への p_{12}, 2 から 2 への p_{22} の 4 つである．ほかに各生育段階での死亡率 d_1 と d_2 もあるが，それらの間には，$d_1 = 1 - p_{11} - p_{21}$, $d_2 = 1 - p_{12} - p_{22}$ という関係があるから，最初の 4 つの推定で十分である．

今ある年から翌年にかけて，n_1 個体いた生育段階 1 のうち，m_{11} 個体が生育段階 1 のまま，m_{21} 個体が生育段階 2 になっていたとし，残りの $n_1 - m_{11} - m_{21}$ 個体は死亡したとする．生育段階 2 からの推移も同様な記法で与える[72]．

生育段階 1 から 1 へは，確率 p_{11} で起こることが m_{11} 回起こったわけで，その確率は ${p_{11}}^{m_{11}}$ である．1 から 2，2 から 1，2 から 2 も同様に与えられる．生育段階 1 にいた個体の死亡については $(1 - p_{11} - p_{21})^{n_1 - m_{11} - m_{21}}$ という確率になる．

他の生育段階についても同様な式で確率を与えられる．したがって，データが得られる確率（尤度）は

$$
\begin{aligned}
&{p_{11}}^{m_{11}} {p_{21}}^{m_{21}} (1 - p_{11} - p_{21})^{n_1 - m_{11} - m_{21}} \\
&{p_{12}}^{m_{12}} {p_{22}}^{m_{22}} (1 - p_{12} - p_{22})^{n_{12} - m_{12} - m_{22}}
\end{aligned} \tag{4.5}
$$

となる．この式の前半は p_{11} と p_{21} だけ，後半は p_{12} と p_{22} だけなので，前半を尤度関数 $L_1(p_{11}, p_{21}) = {p_{11}}^{m_{11}} {p_{21}}^{m_{21}} (1 - p_{11} - p_{21})^{n_1 - m_{11} - m_{21}}$，後半を $L_2(p_{21}, p_{22}) = {p_{12}}^{m_{12}} {p_{22}}^{m_{22}} (1 - p_{12} - p_{22})^{n_{12} - m_{12} - m_{22}}$ として，

$$
L(p_{11}, p_{21}, p_{12}, p_{22}) = L_1(p_{11}, p_{21}) L_2(p_{12}, p_{22}) \tag{4.6}
$$

とも書ける[73]．

71) 植物でも 2.2 節で言及したように，地上部は枯れたが地下部は生きていることもあり，簡単な作業では正しく生死を確認できない場合もある．

72) n_2 個体いた生育段階 2 のうち，m_{22} 個体が生育段階 2 のまま，m_{12} 個体が生育段階 1 になっていたとし，残りの $n_2 - m_{22} - m_{12}$ 個体は死亡したとする．

73) これらはそれぞれ死亡率を 3 番目の変数と考え，式全体に $n_1!/(m_{11}!m_{21}!m_{31}!)$ $(m_{31} = n_1 - m_{11} - m_{21})$ を掛けると 3 変数の多項分布 (multinomial distribution) の尤度関数として知られている数式である．今はどの個体がどの生育段階に推移したかが分かるデータになっているので，階乗の項は付かない．

対数をとって，対数尤度関数は

$$l(p_{11}, p_{21}, p_{12}, p_{22}) = l_1(p_{11}, p_{21}) + l_2(p_{12}, p_{22}) \tag{4.7}$$

$$l_1(p_{11}, p_{21}) = m_{11}\ln(p_{11}) + m_{21}\ln(p_{21}) + (n_1 - m_{11} - m_{21})\ln(1 - p_{11} - p_{21}) \tag{4.8}$$

$$l_2\,(p_{12}, p_{22}) = m_{12}\ln(p_{12}) + m_{22}\ln(p_{22}) + (n_2 - m_{12} - m_{22})\ln((1 - p_{12} - p_{22}) \tag{4.9}$$

となる．最尤法では，これを最大にする 4 つのパラメータを求める．

計算ソフトを使ってもいいし，4 つのパラメータで偏微分し，0 になる値を数学で解いてもいい．後者の方法では，

$$\frac{\partial l_1}{\partial p_{11}} = \frac{m_{11}}{p_{11}} - \frac{n_1 - m_{11} - m_{21}}{1 - p_{11} - p_{21}} = 0,$$
$$\frac{\partial l_1}{\partial p_{21}} = \frac{m_{21}}{p_{21}} - \frac{n_1 - m_{11} - m_{21}}{1 - p_{11} - p_{21}} = 0,$$
$$\frac{\partial l_2}{\partial p_{22}} = \frac{m_{22}}{p_{22}} - \frac{(n_2 - m_{12} - m_{22})}{(1 - p_{12} - p_{22})} = 0,$$
$$\frac{\partial l_2}{\partial p_{12}} = m_{12}/p_{12} - (n_2 - m_{12} - m_{22})/((1 - p_{12} - p_{22}) = 0$$

を解く．結果は

$$\hat{p}_{11} = m_{11}/n_1, \quad \hat{p}_{21} = m_{21}/n_1, \quad \hat{p}_{12} = m_{12}/n_2, \quad \hat{p}_{22} = m_{22}/n_2 \tag{4.10}$$

が得られる[74]．

何のことはない，最尤推定量[75]は，通常やっている割り算（割合）でしかない．言い換えると，我々が通常この割り算で推定値しているのは，それが最尤推定量になっているので最も尤もらしいから，というわけである．ふだん当然のことのように使っている数式が実は最尤推定量である，という事例は次の 4.13 節にもある．そんな観点からも，最も尤もらしい推定値なのである．

74) 自分で計算して確かめてほしい．

75) 尤度を最大にする数値を，具体的な数値でなく数式で与える場合，最尤推定量 (maximum likelihood estimator) という用語を用いる．

4.13 繁殖率の推定

開花している 1 個体や成鳥 1 羽が作る平均繁殖数（繁殖率）に

ついても，まず，繁殖という生態系における過程を数式で表現する．それから，我々が入手するデータに応じて，その過程を数式で表現する．

まず繁殖過程だが，繁殖数は $0, 1, 2, \ldots$ という 0 以上の整数であり，個体や年によって変動する．0 以上の整数を不確実に変動する様子を表現するには，0 以上の整数に対する確率が与えられている離散型の確率分布を使う．繁殖数によく使われているのが，ポアソン分布[76]という確率分布である[77]．この確率分布は強度と呼ばれる未知パラメータを持ち，それを r で表すと，k という 0 以上の整数を得る確率は

$$\frac{e^{-r} r^k}{k!} \tag{4.11}$$

で表される．M 羽の成鳥についてヒナ数を調査したところ，$k_1, \ldots, k_M$ 羽というデータを得たとする．このデータを得る確率（尤度）は未知パラメータ r を用いて

$$\frac{e^{-r} r^{k_1}}{k_1!} \times \cdots \times \frac{e^{-r} r^{k_M}}{k_M!} = \frac{e^{-Mr} r^{k_1 + \Lambda k_M}}{k_1! \cdots k_M!} \tag{4.12}$$

となる．対数をとると

$$-Mr + (k_1 + \cdots + k_M) \ln r - \ln(k_1! \cdots k_M!) \tag{4.13}$$

で，r で微分して $= 0$ とおき r について解くと，最尤推定量

$$\hat{r} = \frac{k_1 + \cdots + k_M}{M} \tag{4.14}$$

を得る．これは，ヒナ数の平均である．ところで，ポアソン分布には，強度と平均（確率分布の期待値）は等しいという性質がある．だから，式 (4.14) を言い換えると，繁殖数の平均が文字どおり平均繁殖数（繁殖率）の最尤推定量となる[78]．

この数値と，4.10 節までに吟味した生残率の最尤推定値を用いて個体群行列を作る．なお，幼鳥と成鳥では生残率は異なるかもしれないので，別に推定する必要がある．

オオウバユリの場合，各当年生実生がどの開花個体由来か観察だけでは分からない．だから，各開花個体の繁殖数も分からない．式 (4.14) を導く過程では各親個体の繁殖数データ $k_1, \ldots, k_M$ を用意しているので，この方法はオオウバユリには使えないように

---

76) Poisson distribution.

77) 特に科学的あるいは数学的根拠があって使われているわけではない．単に数式が単純で計算しやすいから，くらいに思っておいてよい．実際，繁殖においてポアソン分布は不適切であることが報告されている種も多い．

78) 言い換えると，繁殖数がポアソン分布という確率分布に従って変動するという仮定を置くと，繁殖率はポアソン分布の強度に対応する．

見える．ところが，式 (4.14) をよく見ると，最尤推定量の計算に必要なのは，調査した親個体数 M と，新たに生まれた合計数 $k_1 + \cdots + k_M$ だけである．だから，この 2 つが分かっていれば，個体ごとの繁殖数は分からなくても最尤推定値は求められる[79]．つまり，2.7 節で述べた，当年生実生数を開花個体数で割った推定値というのは，実はポアソン分布で繁殖を表し，観察データが開花個体と当年生実生数という統計モデルの最尤推定量だったのである．

79) 十分統計量 (sufficient statistics) という統計学の概念の例である．

調査が数年にわたった場合，繁殖率が一定で独立なら，尤度はすべての年について式 (4.12) を掛けたものなので，最尤推定量は式 (4.14) の分子分母それぞれがすべての年の和になる[80]．2.7 節で述べた推定法は実は最尤推定量だったわけである．

80) 自分でていねいに式を書いて確かめておくことを勧める．

4.14 数理モデルと統計モデル

本書は個体群行列モデルに関する解説書である．個体群行列モデルでは，実際の生物の生活史を図 2.4 や 2.5 のように簡略化し，個体群の変動という複雑な過程を，生残，成長（生育段階間の推移），繁殖という基本 3 要素で表現しようというものである．言うまでもなく，生き物たちはこの数式に従って死んだり繁殖したりしているわけでない．その意味で，個体群行列モデルは，自然界における個体群の「真理」というわけではない．しかし，さまざまな大きさや齢の個体が混在する生物の集団（個体群）の変動を，なるべく少ない基本 3 要素から説明しようという試みであり，そこには個体群の変動を牛耳る自然界の根本原理を追究しようという野心が見え隠れする．個体群や生態系を含め自然界の真理に数学を用いて迫るために考案されるモデルを，本書では数理モデル[81] と呼ぶ[82]．

81) mathematical model.

82) 数理モデルを用いて生態系の基本原理を追究する生態学は数理生態学 (mathematical ecology) と呼ばれる．

一方，標識個体の発見データから生残率と発見率を推定する図 4.2 のモデルは，主目的を生残率と発見率の，データに基づく推定に置いている．そのためにいくつか仮定を置いて発見に至る過程を数式で表現している．簡略化と数式表現という発想において，個体群行列モデルなどの数理モデルと共通する．ところが，個体群行列モデルには置いていない仮定が一つある．それは，「データの生成過程を確率分布を含む数式で表現する」という仮定である[83]．本章 4.2 節から 4.11 節までの捕獲調査データに関する例では，確率だけで確率分布は出ていないように見えるかもしれない．しかし，「発見できた」を 1，「発見できなかった」を 0 と数値に直すと，ここに，（生残していたときに）発見される確率 p を未知パラメータとするベルヌーイ分布[84] という確率分布が登場している．そして，データはベルヌーイ分布から生成されたと仮定したから，図 4.1 にある○×や○○などのデータの得られる確率を図 4.2 のように計算でき，さらに互いに独立に生成されたと仮定を置いているから尤度はそれらの積式 (4.1) となった．なお，確率分布から互いに独立に生成された数値の集合のことを「確率分布からのランダムなサンプル」というので，この言葉を用いて「データは確率分布からのランダムなサンプルと仮定する」という表現もよく使われる．

一般に，データからある数量を推定するために用いるモデルでは，データはある確率分布からのランダムなサンプルである，という仮定を置き，推定したい数量を未知パラメータとする．このようなモデルを，本書では統計モデル (statistical model) と呼ぶ[85]．

このような側面は個体群行列モデルには見られない[86]．データから行列要素を推定するときは，4.12 節のように個体群行列モデルと別な統計モデルを用意し，データから最尤法などの統計手法により推定値を導いている．

まとめると，統計モデルでは，データを確率分布からのランダムなサンプルと考え，データ生成過程を確率分布と未知パラメータを含む数式で表現し，データから何らかの基準で「いい」未知パラメータの推定値を帰納推論で導く．一方，数理モデルでは，自然界の真理や法則を少数の基本原理の数学表現から始め，演繹的に数学の証明を踏まえて結果を導く[87]．

ところで，本章の階層モデル（図 4.2）では，上の階層は生物の生死という状態を表し，時間発展する．下の階層はデータ生成過程で，得られるデータは時系列データである．このとき，階層モデルは状態空間モデル[88] と呼ばれ，その上の階層は状態モデル[89]，下は観察モデルと称され[90]，生態学を含め幅広い分野で，こうした階層構造の中で数理モデルと統計モデルが融合された状態空間モデルは使われている．

83) 4.1 節の発想 3.

84) $p(0 < p < 1)$ を未知パラメータとし，$k = 0, 1$ が得られる確率が $p^k(1-p)^{1-k}$ と書かれる離散的確率分布．

85) 本書ではパラメータが未知のときのものだけを統計モデルと呼び，最尤推定値などに固定されたものは，そのパラメータ（の組み合わせ）などと呼んでいる．文献によっては，固定されたほうを統計モデル，未知のほうを統計モデル族と呼んでいるし，両方とも統計モデルと呼ぶ文献もある．

86) 実際，第 3 章や 5 章には見られない．

87) 数理モデルでは演繹推論，統計モデルでは帰納推論，が中心的に使われる．演繹推論では，命題 P ならば Q である，が繰り返し使われる．その論理が正しく前提 P が真なら結論 Q は真である．一方，帰納推論では，証拠（一般にはデータ）から結論を導こうとするが，結論が真であることが数学の証明のような形で保証されるわけではない．

88) state space model.

89) state model, system model（システムモデル）とも呼ばれる．

90) observation model. data model（データモデル）などとも呼ばれる．

5 環境条件の効果を見る1 ——感度分析の基礎

第3章では，「個体群行列と3つの基本統計量」と題して，最も基本的な個体群統計量である「個体群成長率」「安定生育段階構成」「繁殖価」について解説をした．もちろん，個体群行列から分かることはそれにとどまるわけではない．個体群生態学における行列モデルの理論的発展は，モデルダイナミクスを解析する方法の発展ではなく，むしろ，もととなる個体群行列を出発点として，集団の特徴を浮き彫りにする新たな有用な量を導き出すという歴史であった．この章と第7章では，有用な個体群統計量の中でも数多く使用されてきた個体群統計量や解析手法について解説する．

5.1 感度とは？

第3章と第4章のように，ある生物種の個体群の調査データから個体群行列の要素の推定値が得られたら，個体群成長率を求めることができる．それはそれで「メデタシ，メデタシ」だろう．その成果で一応の現状把握ができたことになる．ところが，絶滅危惧種の保全 (conservation) や外来種の駆除を視野に入れていると，これだけでは不十分である．現状把握に次いで，状況が変わったときの将来の変化に関する予測が必要である．例えば，ある環境条件（ア）では，個体群成長率が $\lambda_{ア}$ だったものが，何らかの理由で環境条件（イ）に変化したときにどうなるのだろう，という予測である（図5.1）．当然，環境条件の変化に伴い，生存率や成長率，繁殖率は変化するだろうから，個体群行列自体も変化するし，ひいては個体群成長率も変化するだろう．せっかく個体群行列モデルという数理モデルを使うのだから，その変化

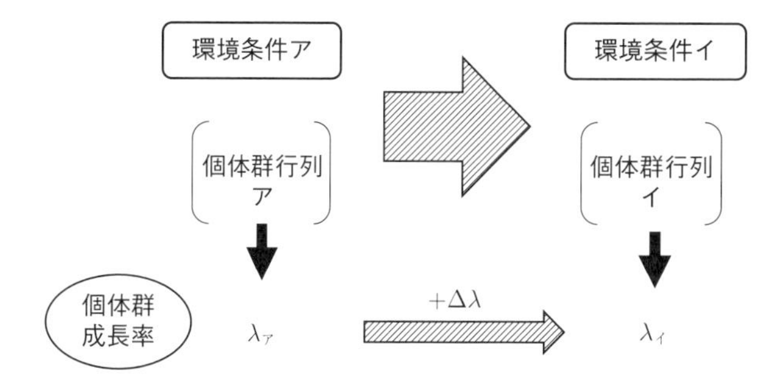

図 5.1 環境条件の変化に伴う個体群行列，個体群成長率の変化．

$$\Delta\lambda = \lambda_{イ} - \lambda_{ア} \tag{5.1}$$

について考えてみる．

まず，鳥類 A の例であれば，個体群行列は，式 (3.2) の中や 3.2 節にある

$$\mathbf{P}_{\mathrm{A}} = \begin{pmatrix} 0 & 0 & 0.6 & 1.425 \\ 0.4 & 0 & 0 & 0 \\ 0 & 0.4 & 0 & 0 \\ 0 & 0 & 0.4 & 0.95 \end{pmatrix} \tag{5.2}$$

で，個体群成長率 λ は 1.039 だった．

さて，この中の，例えば齢 0（ヒナ）の生存率 0.4 が変化したら個体群成長率はどう変わるだろう？ あるいは，繁殖の項の 1.425 が変化したらどうなるだろう？ これらはまた，もし鳥類 A が絶滅しそうで，成鳥に対しては無理だが卵やヒナに人の手を介して助けるという保全努力をしたら，どのくらい個体群成長率が増加するだろうか？ という疑問に対する答えにもなる．これが分かれば，序章で投げかけた問い，「**鳥類 A を増殖させるには，生まれたヒナや幼鳥の生残率を高めるのと，繁殖している成鳥の生残率を高めるのと，どちらが有効だろう？ 鳥類 B ではどうか？**」という疑問にも答えられそうである．

まず，齢 0 の生存率 0.4 が 0.5 に変化したらどうなるか計算してみよう．その個体群行列は，2 行 1 列目の行列要素を変更して

$$\mathbf{P}'_{\mathrm{A}} = \begin{pmatrix} 0 & 0 & 0.6 & 1.425 \\ \mathbf{0.5} & 0 & 0 & 0 \\ 0 & 0.4 & 0 & 0 \\ 0 & 0 & 0.4 & 0.95 \end{pmatrix}$$

となる．第3章のBOX 3.1で紹介した固有値を求める統計ソフトRのコマンドを使って最大固有値を調べてみると，個体群成長率は1.057である．元の個体群行列の個体群成長率は1.039であったから，元の行列からの個体群成長率の変化量は，

$$\Delta\lambda = 1.057 - 1.039 = 0.018 \qquad (5.1')$$

である．同様に，元の行列内の繁殖の項の1.425を1.525に変えてみると，1行4列目の行列要素が1.525になった行列の個体群成長率は1.044であり，その変化量は

$$\Delta\lambda = 1.044 - 1.039 = 0.005$$

となる[1)].

さて，「齢0のヒナの生存率を変えたときの個体群成長率の変化」を少し難しく言い換えれば，「$\mathbf{P}_{\mathrm{A}}$の2行1列目の変化に対する$\mathbf{P}_{\mathrm{A}}$の最大固有値の変化」にほかならない．最大固有値の変化量（$\Delta\lambda$）は，行列$\mathbf{P}_{\mathrm{A}}$の2行1列要素をp_{21}と書くと[2)]，偏微分記号を用いて，

$$\Delta\lambda \approx \frac{\partial\lambda}{\partial p_{21}} \times \Delta p_{21} \qquad (5.3)$$

という近似式で表すことができる（図5.2）[3)]．というのも，式(5.3)の中の偏微分は，ちょうど2行1列目の要素が変化したときの個体群成長率の変化の仕方の「傾き」（変化率）に対応しているからである[4)]．この傾きを持つ直線を延ばすと，$p_{21} + \Delta p_{21}$の点では，太い実線で示されている真の$\Delta\lambda$のほうが，式(5.3)の値より若干小さい．式(5.3)はあくまでも近似式であるが，Δp_{21}が小さいと近似の精度が上がる[5)]．

もし，ヒナの生存率が0.4の周りで，0.1だけ生存率を増やした場合は，式(5.3)は

$$\Delta\lambda \approx \frac{\partial\lambda}{\partial p_{21}} \times \Delta p_{21} = \left.\frac{\partial\lambda}{\partial p_{21}}\right|_{p_{21}=0.4} \times 0.1 \qquad (5.3')$$

1) これも各自何らかの計算ソフトで確かめてほしい．

2) 以降，行列$\mathbf{P}$のi行j列要素をp_{ij}と書く．

3) 第3章では，複数ある固有値のうち，最大固有値をλ_1，それに対応する右固有ベクトルを$\mathbf{w}_1$と，下付き添字1を付けていたが，この章では，最大固有値以外の固有値を扱わないので，添字1を省略する．

4) 偏微分は，他の行列要素は変化させないという条件のもとでの変化率なので，「齢0のヒナの生存率（だけ）を変えたらどうなるのか」という問いに答えることができる．

5) 微分を学習したときに学んだはず．

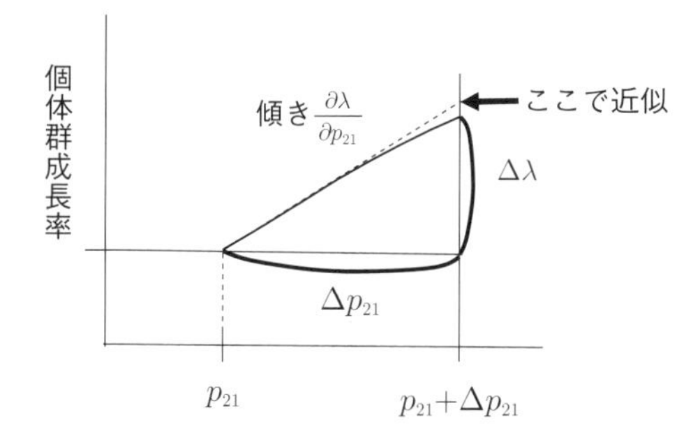

図 5.2　直線による個体群成長率の近似．実際の個体群成長率の関数は図中の上に凸の実線で示され，直線で近似した場合の関数曲線は破線で示されている．

となる[6)]．

個体群行列理論では，この「行列要素による個体群成長率の偏微分 $\frac{\partial\lambda}{\partial p_{ij}}$」を「行列要素に対する個体群成長率の感度 (sensitivity)」と呼び，感度を使う解析を感度分析[7)] と呼ぶ．実は，感度はたくさんある．式 (5.2) の 1 行 4 列目の 1.425 を変化させたときの感度もあれば，3 行 3 列目の 0 を変化させたときの感度もある．つまり，鳥類 A の行列では，行列の要素の数だけ，$4 \times 4 = 16$ 個の感度があるので，感度は行列の形で示されることが多い．例えば，鳥類 A の個体群行列の感度は，

$$\mathbf{S}_{\mathrm{A}} = \left\{ s_{ij} \right\} = \left\{ \frac{\partial\lambda}{\partial p_{ij}} \right\} = \begin{pmatrix} 0.073 & 0.028 & 0.011 & 0.049 \\ 0.190 & 0.073 & 0.028 & 0.127 \\ 0.493 & 0.190 & 0.073 & 0.329 \\ 1.171 & 0.451 & 0.174 & 0.781 \end{pmatrix} \tag{5.4}$$

である[8)]．行列の形なので，これを（鳥類 A の）感度行列 $\mathbf{S}_{\mathrm{A}}$ と呼ぶ．

行列 (5.4) の値を用いると，保全策を講じたときの個体群成長率の未来の値を予測できる．例えば，鳥類 A では，齢 0 のヒナの生存率を 0.1 変えたとき，個体群成長率の増分（$\Delta\lambda$）は，

$$\Delta\lambda \approx \left.\frac{\partial\lambda}{\partial p_{21}}\right|_{p_{21}=0.4} \times 0.1 = 0.190 \times 0.1 = 0.0190 \qquad (5.5)^{9)}$$

と予想される．同じように，1 行 4 列目の繁殖率 1.425 を 0.1 だけ増加させたときは，

6) 偏微分をしたもの自体，$\frac{\partial\lambda}{\partial p_{21}}$，は行列要素の関数になっており「偏導関数」と呼び，偏導関数に $p_{21} = 0.4$ などの具体的な数値を代入した $\left.\frac{\partial\lambda}{\partial p_{21}}\right|_{p_{21}=0.4}$ は「偏微分係数」と呼ぶならわしになっている．この数式に付けられている縦棒は，代入した数値を明示するために使われる．つまり，式 (5.3) は偏導関数を用いた一般的な関係を表し，式 (5.3′) は偏微分係数を用いた $p_{21} = 0.4$ のときの関係を表している．

7) sensitivity analysis.

8) これらの数値をどう求めたかはこの後で説明する．

9) 前に実際に計算して求めた式 (5.1′) での $\Delta\lambda$ は 0.018 だった．感度行列から求めた式 (5.5) の結果と少し食い違いがあるが，それは式 (5.3) が近似式だからである．この場合はなかなか良い近似になっている．

$$\Delta\lambda \approx \left.\frac{\partial\lambda}{\partial p_{14}}\right|_{p_{14}=1.425} \times \Delta p_{14} = 0.049 \times 0.1 = 0.0049 \quad (5.6)$$

増えると予想される．変化させる前の個体群成長率は 1.039 だったから，前者では，個体群成長率は，$1.039 + 0.0190 = 1.058$ になり，後者では $1.039 + 0.0049 = 1.0439$ に変化する．また，これらの計算から，2 つの試みで行列要素を同じ量（ここでは 0.1）変化させたとき，ヒナの生存率を変えたほうが効果が大きそうであることが分かる．

個体群成長率の予測だけでなく，感度行列内の数値を比較すると，より効率的に個体群成長率を高めるためには，どこの生存率や繁殖率を高くするように努力すればよいかを予測できる．その前に，式 (5.4) の感度行列を簡略化してみよう．というのも，式 (5.2) の中のゼロの要素，例えば 1 行 1 列目や 3 行 1 列目のゼロは，それぞれ，0 歳のヒナが次の年も 0 歳のままである確率，次の年に 2 歳になる確率を意味しており，それらをゼロ以外に変化させることなど不可能である．変化させることができない要素を変化させたらどうなるのか，という問いかけはそもそも無意味である．そこで，式 (5.4) の中で変化させられない要素[10] を削除して感度行列を簡略化すると，

10) 今の場合は 0 になっている要素全部．

$$\mathbf{S}_{\mathrm{A}} = \begin{pmatrix} -- & -- & 0.011 & 0.049 \\ 0.190 & -- & -- & -- \\ -- & 0.190 & -- & -- \\ -- & -- & 0.174 & 0.781 \end{pmatrix} \quad (5.4')$$

となる．式 (5.4′) の数値を比較すると[11]，感度が最も大きい値は 4 行 4 列目の 0.781 であるから，成鳥の生存率を高めることが最も個体群成長率を大きくする効果を見込める保全努力であることが分かる．2 行 1 列目と 3 行 2 列目の感度の値は等しいから，ヒナに対する生存率を高める保全努力も，1 齢個体に対する保全努力も同様な効果を与えることも分かる．

11) ここで行っているのは，個体群行列の要素をどれでも同程度変化させるという条件の上での予測である．

5.2 感度を求める公式

ここまで，感度の意味と感度がどのように用いられるのかにつ

いて解説してきたが，どうやって感度を求めるかについて触れてこなかった．これから，順を追って感度を求めるための公式について解説しよう．実は，式 (5.4) の感度の結果はその公式によって求められたものである．

数学的な表現を使えば，感度とは「行列要素による個体群成長率の偏微分」である．第 3 章で解説してきたように，個体群成長率は個体群行列の最大固有値であるから，行列要素が分かると最大固有値を求めることで，個体群成長率が分かるという関係になっている．言い換えれば，個体群成長率は**行列要素たちの多変数関数**である[12]．したがって，個体群成長率の感度を求めるには，個体群成長率を行列要素の具体的な多変数関数として書き下し，偏微分をするのが最も素直な方法である．しかし，3 行 3 列よりも大きい個体群行列になると，多くの場合にそのような書き下しは不可能である[13]．ところが，生態学の世界でキャズウエルという研究者によって[14] まったく別の方法で感度を求めるための簡単な公式が示されている．その公式は，すぐ下の式 (5.7) のように，第 3 章で登場した「安定生育段階構成（右固有ベクトル）」と「繁殖価（左固有ベクトル）」を用いるだけである．偏微分をするという操作をしなくても感度が求められるというこの公式は画期的かつ便利で，キャズウエルはこの業績によって一躍有名になった[15]．そして，この公式のおかげで，数多くの研究者が個体群行列を用いてデータ解析を行い，感度を求めるという研究スタイルを採用するようになった．

感度を求める公式は，最大固有値に対応する右固有ベクトル $\mathbf{w}$ と左固有ベクトル $\mathbf{v}$ を用いて，

$$s_{ij} = \frac{v_i w_j}{\sum_k v_k w_k} \tag{5.7}$$

で表される．式の中で，v_i は左固有ベクトル（繁殖価；$\mathbf{v}$）の第 i 成分を，w_j は右固有ベクトル（安定生育段階構成；$\mathbf{w}$）の第 j 成分を意味している．繁殖価も安定生育段階構成もベクトルの成分はすべて正であるから[16]，感度は必ず正の値になる．この公式の導き方については，この章の目的から外れるので，ここでは省略する[17]．

第 3 章で求められた鳥類 A の個体群行列の右固有ベクトルと左

12) 数式上は $\lambda(p_{11}, p_{12}, \ldots, p_{mm})$ と記述し，λ と行列要素の間の関係を表現する．簡潔にするために，$\lambda(p_{ij})$ とすることもある．

13) 固有値は固有値方程式 (3.8) の解で，(3.8) は代数方程式である．代数学の有名な定理で，5 次以上の代数方程式に解の公式はない．3 次と 4 次なら解の公式はあるが，複雑で偏微分の計算は大変である．また，次数の数だけある解のどれが最大固有値かを示す公式はない．

14) 数学の世界では，すでに等価な公式が 1959 年に Faddeev によって開発されている．

15) 文献 [5-1].

16) 非負行列であれば，ある特殊な行列の場合（可約行列）を除いて，このこともペロン・フロベニウスの定理（第 3 章 3.2 節参照）で保証されている．

17) 文献 [0-1], [0-2] にある．

固有ベクトルは，それぞれ式 (3.16) と式 (3.21) の

$$\mathbf{w_A} = \begin{pmatrix} 0.455 \\ 0.175 \\ 0.067 \\ 0.303 \end{pmatrix}, \quad \mathbf{v_A} = \begin{pmatrix} 1 \\ 2.596 \\ 6.719 \\ 15.96 \end{pmatrix}$$

であった．感度公式 (5.7) の分母は，

$$\sum_{k=1}^{4} v_k w_k = 1 \times 0.455 + 2.596 \times 0.175 + 6.719 \times 0.067 \\ + 15.96 \times 0.303 = 6.200$$

であり，$v_1 w_1 = 1 \times 0.455 = 0.455$ であるから，感度行列の 1 行 1 列目の値は，$0.455 \div 6.200 = 0.073$ である．同様に，感度行列の各要素を順次求めていくと，感度行列 (5.4) が得られる．なお，右固有ベクトルは要素和が 1 になるように規格化され，左固有ベクトルは第 1 要素が 1 であるように調整されているが，左右固有ベクトルの規格化や調整の仕方にかかわらず，感度は同じ値を持つ．例えば，右固有ベクトル $\mathbf{w}$ のすべての要素を 2 倍にし，左固有ベクトル $\mathbf{v}$ のすべての要素を 3 倍にしても[18]，感度公式 (5.7) は，分子が 6 倍になると同時に分母も 6 倍になるため，約分されて結果は式 (5.4) と等しくなる．

18) それぞれはやはり固有ベクトルである．式 (3.7) や式 (3,19) に $2\mathbf{w}$ や $3\mathbf{v}$ を代入してみると確かめられる．

同じように，鳥類 B の感度行列を求めてみよう．鳥類 B の個体群行列は式 (3.3) の

$$\mathbf{P_B} = \begin{pmatrix} 0 & 0 & 0 & 0 & 2.25 & 0.75 \\ 0.75 & 0 & 0 & 0 & 0 & 0 \\ 0 & 0.75 & 0 & 0 & 0 & 0 \\ 0 & 0 & 0.75 & 0 & 0 & 0 \\ 0 & 0 & 0 & 0.75 & 0 & 0 \\ 0 & 0 & 0 & 0 & 0.75 & 0.25 \end{pmatrix} \qquad (5.8)$$

であった．また，その右固有ベクトルと左固有ベクトルは，それぞれ式 (3.17) と式 (3.22) の

$$\mathbf{w_B} = \begin{pmatrix} 0.292 \\ 0.221 \\ 0.167 \\ 0.127 \\ 0.096 \\ 0.097 \end{pmatrix}, \quad \mathbf{v_B} = \begin{pmatrix} 1 \\ 1.320 \\ 1.743 \\ 2.302 \\ 3.039 \\ 1.013 \end{pmatrix}$$

であった．感度公式 (5.7) の分母は，

$$\sum_{k=1}^{4} v_k w_k = 1 \times 0.292 + 1.320 \times 0.221 + 1.743 \times 0.167 + 2.302 \times 0.127 + 3.039 \times 0096 + 1.013 \times 0.097 = 1.557$$

であり，$v_2 w_1 = 1.320 \times 0.292 = 0.385$ であるから，感度行列の 2 行 1 列目の値は，$s_{21} = v_2 w_1 / \sum_{k=1}^{4} v_k w_k = 0.385/1.557 = 0.247$ である．他の感度もすべて求めた上で，簡略化された感度行列を示すと，

$$\mathbf{S_B} = \begin{pmatrix} -- & -- & -- & -- & 0.062 & 0.062 \\ 0.247 & -- & -- & -- & -- & -- \\ -- & 0.247 & -- & -- & -- & -- \\ -- & -- & 0.247 & -- & -- & -- \\ -- & -- & -- & 0.247 & -- & -- \\ -- & -- & -- & -- & 0.062 & 0.063 \end{pmatrix} \tag{5.9}$$

となる．

鳥類 A の感度行列 (式 (5.4′)) と鳥類 B の式 (5.9) を比較すると，大きな違いに気づかされる．というのも，鳥類 B では感度の高い行列要素はヒナや若齢個体の生存率であって，鳥類 A のように成鳥の生存率ではない．鳥類 B の個体群成長率は 0.9903 であるから，この集団は徐々に個体群サイズを減少させる傾向にある．もし，鳥類 B の個体群成長率を 1 を超えるように改善したいと考えるならば，若齢個体の生存率を高めるような保全努力をするべきだということがうかがえる．一方で，2 つの種で共通している傾向として，行列の右上にある繁殖に関わる行列要素の感度はあまり大きくないということや，それぞれの種の若齢個体の生存率の感度が同じ数値を示している点が見て取れる．鳥類 A, B のよ

うな簡単な数値例ではたまたま後者のようなことも起こるが，一般的にはこんな分かりやすい結果にはならない．

ここまでの内容をまとめると，左右固有ベクトルから固有値の行列要素に関する偏微分係数が求められることが分かる．固有ベクトルの計算は手でやると大変だが，今日の計算ソフトは瞬時に数値を返してくれる．感度分析は個体群生態学の解析ツールとして盛んに活用されている[19]．

19) 文献 [5-2], [5-3], [5-4] などを参照.

5.3 弾性度分析

個体群行列モデルにおけるもう一つの重要な解析ツールは，感度を応用した弾性度[20]である．弾性度は別名「割合に関する感度[21]」とも呼ばれ，「もし環境条件の違いなどが理由で，生存率や成長確率，繁殖率がある割合で変化したら，個体群成長率はどのくらいの割合で変わるのだろうか」という問いに答えるものである．「弾性度」自体は，もともとは経済学で考えられた概念で，モノの価格が変動したときの購買意欲の変化を評価する「価格弾力性」という言葉から援用されている．同じ 100 円の値上げでも，元の価格が 1 万円なら大きい変化とは感じないだろうが，元の価格が 100 円なら大幅な値上げで購買意欲も下がるだろう．購買意欲への価格値上げの効果を見るために，絶対的な変化を考えずに相対的な変化の効果を見ようというのが弾性度である．個体群生態学の文脈で言えば，もともとの個体群行列の行列要素には大きいものもあれば小さいものもある．そこで，各要素の相対的変化 $(\Delta p_{ij}/p_{ij})$ に対する個体群成長率の相対的変化 $(\Delta\lambda/\lambda)$ を評価しようとするものである．数式で表すと，

20) elasticity.

21) proportional sensitivity.

$$\frac{\Delta\lambda/\lambda}{\Delta p_{ij}/p_{ij}} = \frac{p_{ij}}{\lambda}\frac{\Delta\lambda}{\Delta p_{ij}} \tag{5.10}$$

である．感度分析のときと同様に，偏微分で表現し直すために極限をとる．

$$\begin{aligned} e_{ij} &= \lim_{\Delta p_{ij}\to 0}\frac{p_{ij}}{\lambda}\frac{\Delta\lambda}{\Delta p_{ij}} = \frac{p_{ij}}{\lambda}\lim_{\Delta p_{ij}\to 0}\frac{\Delta\lambda}{\Delta p_{ij}} \\ &= \frac{p_{ij}}{\lambda}\frac{\partial\lambda}{\partial p_{ij}} = \frac{p_{ij}}{\lambda}s_{ij}. \end{aligned} \tag{5.11}$$

式 (5.11) の中に，感度 s_{ij} が入っていることに注目してほしい．e_{ij} は個体群行列の i 行 j 列目の要素が変化したときの弾性度を表す[22]．感度分析のときに行列要素の数だけ感度があったように，この量もやはり行列要素の数だけある．そのため，これらの量を行列の形で示した $\mathbf{E} = \{e_{ij}\}$ を弾性度行列[23] と呼び，弾性度を求める解析を弾性度分析[24] と呼ぶ．式 (5.11) から分かるように，弾性度は感度に個体群行列の要素を乗じて，さらに個体群成長率で割ったものであるから，感度の公式 (5.7) を利用して，

$$e_{ij} = \frac{p_{ij}}{\lambda} \frac{v_i w_j}{\sum_k v_k w_k} \tag{5.12}$$

という公式ができる．すでに感度行列が得られていれば，式 (5.11) を利用できる．感度行列がないなら，式 (5.12) を使う．鳥類 A の弾性度行列 $\mathbf{E}_\mathrm{A}$ は，式 (5.4) と式 (5.11) を使って，

$$\mathbf{E}_\mathrm{A} = \begin{pmatrix} 0 & 0 & 0.006 & 0.067 \\ 0.073 & 0 & 0 & 0 \\ 0 & 0.073 & 0 & 0 \\ 0 & 0 & 0.067 & 0.714 \end{pmatrix} \tag{5.13}$$

となる．また，鳥類 B の弾性度行列 $\mathbf{E}_\mathrm{B}$ は，式 (5.9) から，

$$\mathbf{E}_\mathrm{B} = \begin{pmatrix} 0 & 0 & 0 & 0 & 0.140 & 0.047 \\ 0.187 & 0 & 0 & 0 & 0 & 0 \\ 0 & 0.187 & 0 & 0 & 0 & 0 \\ 0 & 0 & 0.187 & 0 & 0 & 0 \\ 0 & 0 & 0 & 0.187 & 0 & 0 \\ 0 & 0 & 0 & 0 & 0.047 & 0.016 \end{pmatrix} \tag{5.14}$$

となる．

式 (5.11) を見ると，感度に対してほんのちょっとだけ乗算や除算をしただけの弾性度ではあるが，感度と異なる意外な性質を持っている．それは，弾性度行列 $\mathbf{E} = \{e_{ij}\}$ **のすべての要素を足し算すると必ず 1 になる** ($\sum_i \sum_j e_{ij} = 1$) という性質である．これは以下のように証明することができる．

式 (5.12) の数式のすべての (i, j) 要素の和は，

$$\sum_i \sum_j e_{ij} = \sum_i \sum_j \frac{p_{ij}}{\lambda} \frac{v_i w_j}{\sum_k v_k w_k} \tag{5.15}$$

22) 弾性度という概念は個体群生態学においては de Kroon によって，1986 年に提案された（文献 [5-5]）．

23) elasticity matrix.

24) elasticity analysis.

である．右辺内の添字 i や j に無関係のものは 2 つのシグマ記号の前に，j に無関係のものは j に関するシグマ記号の前に出すと，

$$\frac{1}{\lambda \sum_k v_k w_k} \sum_i v_i \sum_j p_{ij} w_j \tag{5.16}$$

となる．第 3 章の式 (3.7) を成分で書き下すとその第 i 成分は $\sum_j p_{ij} w_j = \lambda w_i$ となる．この関係を使って変形すると，式 (5.16) は

$$\begin{aligned}\frac{1}{\lambda \sum_k v_k w_k} \sum_i v_i \sum_j p_{ij} w_j &= \frac{1}{\lambda \sum_k v_k w_k} \sum_i v_i \lambda w_i \\ &= \frac{\sum_i v_i w_i}{\sum_k v_k w_k} = 1 \end{aligned} \tag{5.17}$$

となり証明された．実際，鳥類 A の弾性度行列 (5.13) も鳥類 B の行列 (5.14) も，すべての要素の和を求めると 1 になっている[25)]．

和が 1 であることで少々ご利益がある．それは，弾性度行列のすべての要素を足すと同じ値になるので，「行列サイズ 」[26)] が 4 と 6 で異なる鳥類 A と B を一つの尺度のもとで比較することができる，というご利益である．図 5.3 をみてほしい．この図は，式 (5.13), (5.14) で与えられる弾性度を和が 1 になることを使って積み重ね棒グラフにしたものである．元の個体群行列 (5.2) と (5.8)

25) これも各自で確かめてほしい．なお，計算ソフトの結果を小数 3 桁くらいで表示した結果を使うと，四捨五入に伴う端数処理の影響で，和がぴったり 1 にならないこともある．実際，鳥類 B の式 (5.14) では和がぴったり 1 になっていない．

26) 行列が m 行 m 列の場合，この m を「行列サイズ」(matrix size, matrix dimension) という．

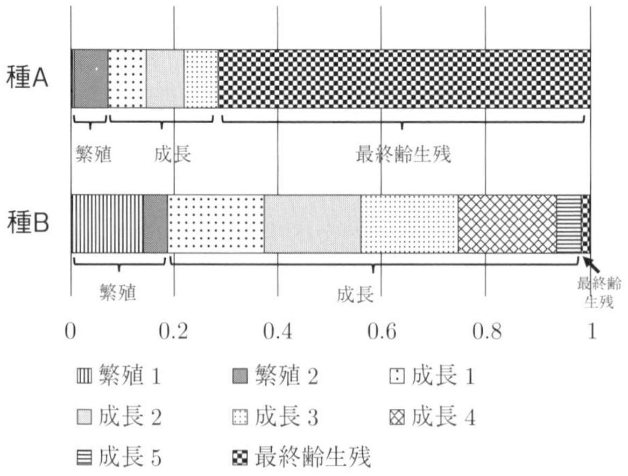

図 **5.3** 弾性度の種間比較．

の中の正の行列要素にはそれぞれ生き物の生活環上の意味，繁殖・成長・生残などの意味がある．それらを行列の中に明示すると，

$$\mathbf{P}_{\mathrm{A}} = \begin{pmatrix} -- & -- & \text{繁殖 1} & \text{繁殖 2} \\ \text{1 齢への成長} & -- & -- & -- \\ -- & \text{2 齢への成長} & -- & -- \\ -- & -- & \text{3 齢への成長} & \text{成鳥生残} \end{pmatrix}$$

$$\mathbf{P}_{\mathrm{B}} = \begin{pmatrix} -- & -- & -- & -- & \text{繁殖 1} & \text{繁殖 2} \\ \text{1 齢への成長} & -- & -- & -- & -- & -- \\ -- & \text{2 齢への成長} & -- & -- & -- & -- \\ -- & -- & \text{3 齢への成長} & -- & -- & -- \\ -- & -- & -- & \text{4 齢への成長} & -- & -- \\ -- & -- & -- & -- & \text{5 齢への成長} & \text{成鳥生残} \end{pmatrix}$$

のようになる．例えば，式 (5.13) と (5.14) の中の 2 行 1 列目の弾性度は，「鳥類 A（あるいは B）の 1 齢への成長の割合変化が個体群成長率の割合変化に与える影響の度合い」という意味である．図 5.3 の凡例では，これらを少し簡略化して示してある．鳥類 A と B とでは，繁殖・成長・成鳥生残の割合変化の影響が大きく異なっていることが容易に見て取れる．この図から鳥類 A，B の弾性度の結果を比較すると，すべての生残率や繁殖率で同程度の割合変化を達成できるとすれば，鳥類 B では 1 齢から 4 齢への幼鳥の成長や 1 行 5 列目の繁殖 1 において最も効果が大きいのに対して，鳥類 A では成鳥の生残が個体群成長率の割合変化に対して圧倒的に大きい貢献をしている．これらは 5.2 節の感度分析ですでに気づいていたことではあるが，そこでは種ごとに考察していた．図 5.3 では，直接種間比較できる点に注視されたい．

弾性度分析は，種間比較に限らず，同種内での生息地間比較など，さまざまな比較への道を開いた．そのため，1990 年代からこの分析を行った論文が多数発表された[27]．また，前節で説明した感度分析を合わせて行いながら，種内変異を比較するなどの研究も数多く行われた．今では，個体群の動態解析の基本的ツールとして用いられている．

[27] 文献 [5-6], [5-7], [5-8], [5-9].

5.4 ウミガメにおける実践例

序章で言及した，浜辺で行っているウミガメの保護対策がどれほど効果的なのか調べた個体群行列モデルによる研究は，この数理モデルの実用性を示す象徴的な事例である．

アメリカ・ジョージア州で20年間取られていたセンサスデータを用いて個体群行列を作成したところ，個体群成長率は0.945と，1以下だった．成熟という生育段階の生残率は約8割で，感度行列を求めたところ，成熟という生育段階の感度は，孵化個体という生育段階と比較して10倍くらい高かった．これは，浜で行う孵化個体の保護は比較的効果は弱いと解釈できる．一方，ウミガメの死亡の要因の多くはエビトロール網による偶然死亡だった．

以上から，逃避装置を網に設置するのが良いというのが結論だった．これに反対する漁民たちが裁判を起こしたが，推移行列が証拠となり逃避装置の設置がジョージア州の法律で義務付けられた[28)]．

このように，今日，モデル化することの重要性は，社会でも（裁判でも！）認識されるようになっている．

[28)] 文献［5-10］，［5-11］により詳しい解説がある．

6 行列要素の推定法2 ——ベイズ統計とランダムなサンプル[1]

第4章では，行列の要素の推定法として，最尤法を紹介した．そこでも言及したように，最尤法は今日広く使われている方法であるが，他に方法がないわけでもなければ，一番優れた方法というわけでもない．最尤法はいろいろな問題を抱えている．

例えば，最尤推定値から少しずれていても，実データに近い人工データを生成するパラメータもある（4.8節）．最尤推定値は「最も」尤もらしいが，その周辺も「十分に」尤もらしいように思える．実際問題，一つの最尤推定値でもって個体群動態の予測をするより，その上下の尤もらしい範囲内で予測をして，どのくらいの可能性があるか，その広がりも調べる方が好ましいとも言えそうである[2]．

尤度を最大にする数値は今日の計算ソフトで簡単に求められると言っても，それはパラメータ数が少ない場合である．5つくらいまでならあまり問題なく最大値を計算できる場合が多い．しかし，パラメータ数が10を超し，さらに100とかになると，簡単に操作できる計算ソフトの最大化コマンドでは，答えを求められない[3]．

さらに厄介なのが，最大となる数値が複数個ある場合（図6.1a），あるいは，最大は一つでも，最大に近い尤度をとる「十分に尤もらしい」パラメータ値が存在している場合である（図6.1b）[4]．そんな場合，最大の所だけを知るのと，尤もらしいパラメータを網羅することの，どっちが望ましいだろう．

こうした問題や要望に対し，ベイズ統計 (Bayesian statistics) とマルコフ連鎖モンテカルロ法[5]という計算アルゴリズムを用いることで応えられる場合がある．

[1] 本章のベイズ統計に関する解説は，パラメータの推定に重点を置いている．ベイズ統計は必ずしもこんな趣旨で使われているわけではない．文献 [6-1], [6-2], [6-3] などと読み比べてみることを勧める．

[2] こうした目的のために信頼区間 (confidence interval) などの統計概念もあるが，本書ではベイズ推定のみ紹介する．

[3] 計算ソフトは，「解を見つけられない」というメッセージを返したり，中には最大でない数値を平然と（？）返してくる困った計算ソフトもある．

[4] その存在が分からないこともあり，それこそが問題なのである．

[5] Markov chain Monte Carlo, 略して MCMC.

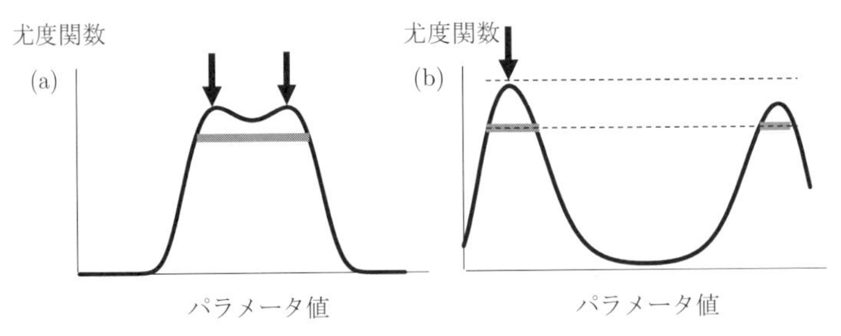

図 6.1 (a) 尤度関数が最大となるパラメータ値が 2 個（下向き矢印）あるとき，最大となる 2 つの値を求めるのと，ある程度尤度関数が高い領域（水平の太線）を求めるのと，どっちがいいだろう．(b) 尤度関数が最大となるパラメータは一つだが最大よりわずかに小さい値をとる所があるとき，最大の数値だけ求めるのと，ある程度高い 2 つの領域を求めるのと，どっちがいいだろう．

6.1 高次元の関数の全体像を見るのは難しい

別にややこしいことを考えなくても，いろいろなパラメータの値について尤度関数の値を計算しまくれば，どんなパラメータ（の組み合わせ）のときに尤度関数が大きくなるか，見当を付けられると思うかもしれない．確かに，0 と 1 の間の関数なら，0 と 1 の間を 1000 等分して尤度関数の値を 1000 個求めてしまえば，グラフを描いてどのあたりで大きい値をとるか，くまなく調べられる．

第 4 章の標識調査では，パラメータは生残率と発見率の 2 つだった．この場合，図 4.8 で示したように，それぞれがとりそうな範囲を 100 等分して計 $100 \times 100 = 1$ 万個 の対数尤度関数の計算をすれば，等高線グラフを描いて，どのあたりで対数尤度が高くなっているか目で判断できた．

パラメータが 3 つになると，それぞれ 100 等分すると計 100 万回の計算となり，手軽に使える計算ソフトとパソコンでは，計算に時間がかかるようになってくる．また，グラフを描いて増減の様子全体を見ることのできるのは，パラメータが 2 つまでに限られる．

パラメータが 10 あると，それぞれ 100 等分で妥協しても 100^{10} 回もの計算を要する．パラメータが 100 個あると，それぞれわずか 10 ずつでも 10^{100} 回の計算を要する．各パラメータについてたった 10 個の値でしか尤度を調べないと，その中間や外で極大や最大をとるかもしれず，尤もらしいパラメータを見逃す危険性は高い．パラメータの数が多いと，尤度関数は多変数の関数となり，増減の様子をグラフで見ることも，どのあたりで最大になりそうかという当たりを付けることも難しくなる．

そんなとき，マルコフ連鎖モンテカルロ法という計算アルゴリズムを使うことで，結果として尤度関数の値の高そうな点[6]を集めた数値の集合を作ることができる．上述したように，パラメータ空間全体で関数の値を計算しようとすると，最終的に欲しいのは関数値の高い所なのに，低い所も大量に計算して「低い」ことを確かめる必要がある．ところが，MCMC 法では，高い所を優先的に拾ってこれるよう，計算を工夫する．そのため，例えばパラメータが 10 個あっても，はるかに少ない計算で関数の値を高くするパラメータを見つけられ，かつ，拾い落したリスクもそれなりに小さくできるのである．

6) 点といっても，パラメータの組み合わせという高次元の点．

ただし，扱う関数は確率分布という関数でないといけない[7]．言い換えると，取る値は 0 以上で，パラメータ全体という高次元空間で積分すると 1 になっている関数でなければならない．なぜ確率分布になっている関数でないといけないかというと，MCMC 法は確率分布からのランダムなサンプルを生成する方法だからである．ランダムなサンプルの生成においては，確率分布という関数[8]の大きさに比例して，値の高い所では多く，低い所では少なくサンプルが生成される．逆に言うと，ランダムなサンプルを作ることができたら，サンプルがたくさん生成されたあたりでは確率分布の関数の値は大きく，逆に生成されたサンプルの少ないところでは小さいはずである．そこで，尤度関数の値を高くする（尤もらしい）パラメータたちを求めることを，ランダムなサンプルの集合を作ることでまかなおうというのである．

7) 実際のところ，6.5 節で解説するメトロポリス・ヘイスティングス法などでは確率分布の定数倍でも構わないのだが，マルコフ連鎖という数学の理論は確率分布に関するものである．

8) 離散確率分布なら確率，連続なら確率密度関数．

残念ながら，尤度関数は，変数であるパラメータで積分したとき 1 になっていない．そこで，以下のようにベイズの定理を用い，パラメータに関する事前分布という仮定を新たに加えることで対処する．

その前に，確率分布からのランダムなサンプルの生成について，そのご利益と生成法について 6.2 節と 6.3 節で補足する．

6.2 モンテカルロ積分

ランダムなサンプルをたくさん生成できたときのご利益には，どのあたりで確率[9]が高そうかという目安をつけられるほか，平均や分散の推定に使えるというものがある．

n 個のランダムなサンプルを $x_1, \ldots, x_n$ とする．確率分布の期待値は，ランダムなサンプルの標本平均[10] $\bar{m} = \frac{x_1+x_2+\cdots+x_n}{n}$ で近似できる．これは，大数の法則としてよく知られている定理から導かれる結果の一つである[11]．

同じように，確率分布の分散も，ランダムなサンプルの標本分散 (sample variance) $\frac{(x_1-\bar{m})^2+(x_2-\bar{m}^2)+\cdots+(x_n-\bar{m})^2}{n}$ で近似できる．

これらは，モンテカルロ積分として知られる積分の近似計算法の応用例である．

連続型確率分布の期待値は，確率密度関数を $f(x)$ とするとき

$$m = \int_{-\infty}^{\infty} x f(x) dx,$$

分散は

$$V = \int_{-\infty}^{\infty} (x-m)^2 f(x) dx$$

というように，いずれも積分で定義される．これらは，簡単な数式の確率分布なら数学で求めることができる．しかし，数式が複雑だと積分を求められない場合も多い．そんな場合でも，ランダムなサンプルを作ることができたら，それらを使って期待値や分散という積分を近似計算でき，かつ，近似精度は，サンプル数とともに向上し，サンプル数が無限になると真値と一致する．こうした大数の法則に類似する諸々の定理が証明されている[12]．

9) 連続的な場合は確率密度関数の値.

10) sample mean. 全部足して個数で割る．いわゆる平均の式.

11) 大数の法則に関する数学としての正確な記述は文献 [6-1], [6-2] などにある.

12) 文献 [6-1] の 5.1 節などを参照.

6.3 ランダムなサンプルの生成法

今日の計算ソフトには，さまざまな確率分布からのランダムなサンプルの生成機能が備わっている．正規分布や 2 項分布など，主な確率分布からのランダムなサンプルは，コマンドを書くだけ

ですぐに生成してくれる．

どういう原理でランダムなサンプルは生成されるのだろう．荒っぽい言い方ではあるが，その数理を理解できなくても通常の統計モデルの応用では差し障りないものと[13]，ある程度，その数学的背景も知っておいたほうがいいものがある．

13) だから本書では説明を割愛する．

前者の例で多くの計算ソフトに備えられているのが，0と1の間の一様分布からのランダムなサンプル[14]の生成である．この生成法の原理は本書では割愛する[15]．

14) 4.6節では0と1の間の一様乱数と呼んだ．

15) もう少し知りたい人は文献[6-4]の7.1.1項，[6-3]の6.3節に初学者向けの短い解説がある．

一方，0と1の間の一様乱数なら計算ソフトが生成してくれるという状況で諸々の確率分布からのランダムなサンプルを生成する手順については，ある程度の数学的理解を持つことが望まれる．

一般に確率密度関数が与えられているとき，ランダムなサンプルを作る手順としてよく知られているのは，棄却法である．図6.2のような確率密度関数 $f(x)$ を有する（仮想的な）確率分布（範囲は a と b の間）からのランダムなサンプルを n 個作ろうというとき，棄却法の手順は以下のようなものである．

① 確率密度関数の最大値を求め，M とする．最大値が1となるよう $f(x)/M$ に変換する（図6.2a）．

② a と b の間のランダムなサンプル x_1 を生成する[16]．これはランダムなサンプルの最初の候補である．

16) 0と1の間の一様乱数を $b-a$ 倍し a を足す．

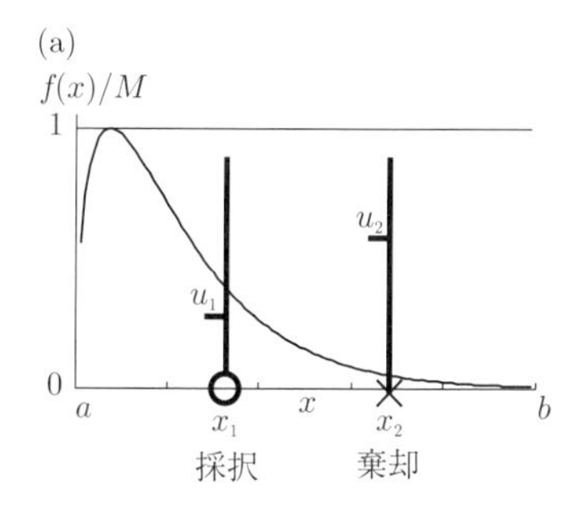

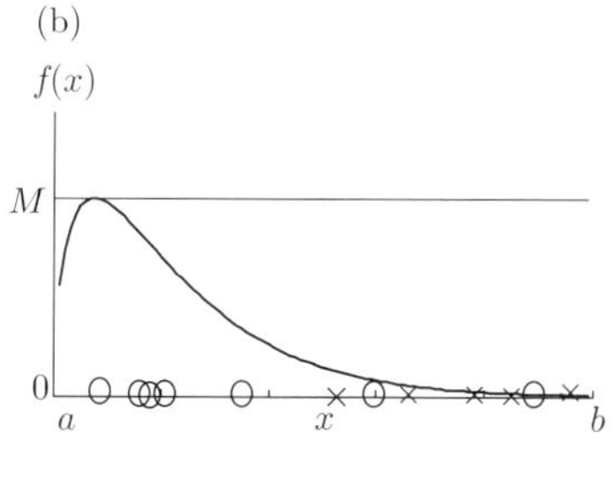

図 6.2 棄却法によるランダムなサンプルの生成．(a) 最初の候補 x_1 では，0と1の一様乱数 u_1 が $f(x)/M$ の曲線の下にあるので x_1 は採択する．2番目の候補 x_2 では，一様乱数 u_2 が曲線の上に来たので x_2 は棄却する．(b) (a) の操作を繰り返し，棄却された候補（×）は無視し採択された（◯）数値だけ取り出すと，確率密度関数 $f(x)$ の高いところで多く，低いところで少なくなっており，ランダムなサンプルが生成される様子がうかがえる．

③ 0 と 1 の間の一様乱数 u_1 を生成する

④ $f(x_1)/M > u_1$ なら x_1 を採択し 1 番目のサンプルとする．そうでないなら x_1 は棄却する（図 6.2a）．

⑤ ② から ④ の計算を繰り返し，採択数が n になるまで続ける（図 6.2b）．

確率密度関数の値が大きければ採択される可能性が高く，小さければ低い．採択は確率密度関数の値に比例して行うので，採択された数値たちは確率密度関数の大小を反映した，確率分布からのランダムなサンプルになっているような気がするはずである[17]．

棄却法は 1–2 次元の確率分布でしばしば使われる．しかし高次元の確率分布ではほぼ機能しない．というのも，6.1 節で述べたように，高次元空間の全域からまんべんなく一様に数値をとるには途方もない計算が必要になるからである．

1 次元の確率分布からのランダムなサンプルの生成によく使われる方法に，逆関数法がある．

確率密度関数を $f(x)$ とする（図 6.3a の太線）．要は，この値の高い所からたくさん，低い所から少し，サンプルをとればよい．そこで，確率密度関数の積分 $F(x) = \int_{-\infty}^{x} f(t)dt$[18] を考える．このグラフは，図 6.3a の細線のように，$f(x)$ の高い所では急激に増加し，低い所ではゆるやかにしか増加しない[19]．図 6.3b の縦軸

17) もちろん厳密な証明は必要．

18) 累積分布関数 (cumulative distribution function) という．

19) $x \to \infty$ で 1 に収束する．

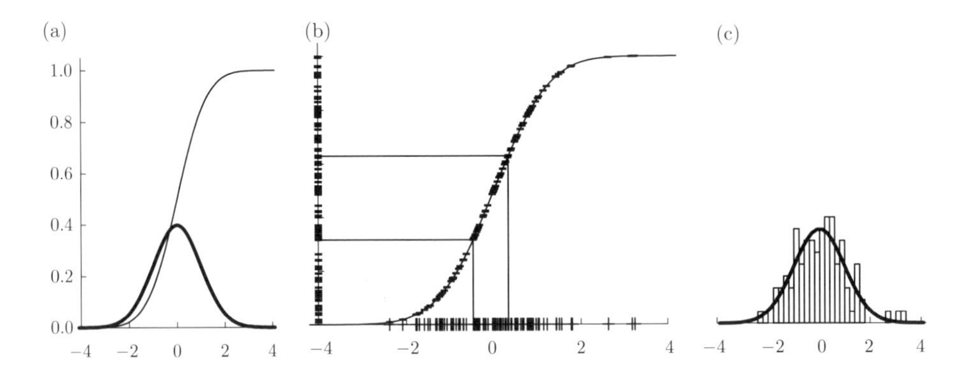

図 6.3 逆関数法によるランダムなサンプルの生成．(a) 太線は確率密度関数，細線は累積分布関数． (b) 縦軸の − は 0 と 1 の間の一様乱数．累積分布関数の値が各乱数の値と等しい横軸の値をとる．(c) 横軸で取れた数値を集計し，(a) の確率密度関数と重ねるとだいたい形状は一致しており，ランダムなサンプルが生成される様子がうかがえる．

に0と1の間の一様乱数 $y_1, y_2, \ldots$ をとり，$F(x)$ がその値になるところを $x_1, x_2, \ldots$ とする[20]．$F(x)$ が急激に増加する所にはたくさんの y_i が収まり，対応する x_i は $f(x)$ の高い所に集中する．$F(x)$ がゆるやかに増加する所には少しの y_i しか収まらないので，対応する x_i は $f(x)$ の低い所に広く散らばり密度は低い（図6.3bの横軸）．結果として，確率密度関数 $f(x)$ のランダムなサンプルが生成されるイメージを抱けるだろうか．実際，図6.3bの横軸上の $x_1, x_2, \ldots$ を集計してヒストグラムで表示してみると，図6.3cのように確率密度関数 $f(x)$ に比例する個数になっている様子が見える[21]．

20) $y_1 = F(x_1)$, $y_2 = F(x_2), \ldots$ $y = F(x)$ の逆関数を $x = F^{-1}(y)$ とすると $x_1 = F^{-1}(y_1)$, $x_2 = F^{-1}(y_2), \ldots$ これが「逆関数法」の名前の由来である．

21) もちろんこれは直観的説明であって数学の証明ではない．Excel の中での正規分布からのランダムなサンプルの生成法は図6.4のセル H8 を参照．

逆関数法は，基本的に1次元の確率分布にしか使えない．

以上のように，計算ソフトで気軽に生成できるランダムなサンプルは1次元の確率分布に（ほぼ）限られる．それを MCMC は高次元の確率分布に対して可能にするばかりでなく，よく知られた数式で書けていない確率分布についても可能とする場合がある．

次の6.4節でベイズの定理を用いる準備をし，6.5節と6.6節で，先に MCMC の具体例を見る[22]．6.7節で個体群行列の場合の応用例を見てから，6.8節で，この魔法のような MCMC の原理について，そのイメージを解説する．

22) 6.8節で簡単に説明するように，異なる推移核を用いれば異なるランダムなサンプルの精製法になる．つまり，MCMC は一つの方法ではなく，共通する原理に基づくランダムなサンプル生成法の総称である．

6.4 ベイズの定理と事前分布・事後分布

尤度関数は積分しても通常1にならないし，そもそも積分が有限にならない場合も多い．確率分布の関数でないから，ランダムなサンプルの生成法で尤度関数の高そうな点集合を作ることはできないように思える．ところが，ベイズの定理を使って事後分布という確率分布を登場させることで，これに近いことが可能となる[23]．

23) ベイズ統計といってもベイズが出てくるのはここだけである．

事象 (event) A と B があり，それの起こる確率を P(A), P(B) とする．また，A と B が両方とも起こる確率を P(A, B) で表し，A が起こったときに B が起こる条件付き確率[24] を $\mathrm{P(B|A)} = \mathrm{P(A,B)/P(A)}$ で定める．逆に B が起こったときに A が起こる条件付き確率を $\mathrm{P(A|B)} = \mathrm{P(A,B)/P(B)}$ で定める．

24) conditional probability.

当たり前だが, $\mathrm{P(A,B)} = \mathrm{P(A|B)P(B)} = \mathrm{P(B|A)P(A)}$ なので，

$$\mathrm{P(B|A) = P(A|B)P(B)/P(A)} \tag{6.1}$$

という関係が成り立つ．

$B_1, \ldots, B_m$ が互いに排反な全体集合（全事象）の分割 になっているとする[25)]．このとき，$P(A, \cup_j B_j) = P(A)$ なので，

$$\sum_j P(A|B_j)P(B_j) = \sum_j P(A, B_j) = P(A, \cup_j B_j) = P(A)$$

が成り立つ．式 (6.1) の B に B_i を代入し，右辺の分母の $P(A)$ にこの左辺を代入すると，

$$P(B_i|A) = P(A|B_i)P(B_i)/\sum_j P(A|B_j)P(B_j) \tag{6.2}$$

が成り立つ[26)]．

今，データが与えられ，それを生成したと仮定する統計モデルを用意しているとする．この章では，統計モデルの未知パラメータを w[27)]，n 個のデータを $\mathbf{x}_n$ で表すことにする[28)]．式 (6.2) において，B_i をその統計モデルにおけるパラメータの一つの値 (w)，A をデータ ($\mathbf{x}_n$) とする．

$$P(w|\mathbf{x}_n) = P(\mathbf{x}_n|w)P(w)/\sum_w P(\mathbf{x}_n|w)P(w). \tag{6.3}$$

右辺分子第 1 項の $P(\mathbf{x}_n|w)$ は，パラメータの値が w のときにデータ $\mathbf{x}_n$ が得られる確率だから，4.3 節で導入した，その統計モデルの尤度に対応する．本章では尤度はパラメータ w の関数であることを鑑み，$L(w|\mathbf{x}_n)$ で表すことにする．

右辺分子第 2 項の $P(w)$ はパラメータが w となる確率である．これはもちろん分からないのだが，ベイズ統計では，これを任意に[29)] 与える[30)]．パラメータのすべてに確率を与え，確率だから全部足したら 1 にならないといけない[31)]．これはすなわち，パラメータに確率分布を与えることにほかならない．確率分布を事前に与えてしまうので，これをパラメータの事前分布[32)] という．また，w が連続的なとき，確率分布は個々の w の値に対する確率 $P(w)$ でなく，確率密度関数で与えられる．以下ではこの確率密度関数を $f(w)$ で表す．

式 (6.3) の分母は，パラメータ w が実数全体を動くとすると連

25) $\cup_j B_j =$ 全事象．

26) 式 (6.2) をベイズの定理，式 (6.1) を Bayes rule と呼ぶ文献が多いようである．

27) 第 4 章前半の標識調査の例では (s, p) という 2 次元ベクトルが対応する．本来ベクトル $\mathbf{w}$ と記すべきだが，データの行列 $\mathbf{x}_n$ との見やすさを考え，スカラーの w を用いることにした．

28) 第 4 章前半の標識調査データの例では，図 4.1 の○と×を 1 と 0 という数値にし，n 個の対 $(1, 1)$ や $(0, 1)$ を縦に並べた n 行 2 列の行列が $\mathbf{x}_n$ に対応する．

29) ここで奇妙な主観が入り込む．これが古くから現在に至るまでベイズ統計に批判的な意見が絶えない一つの理由である．

30)「任意」といっても，実際のところ，$f(w)$ として定数や定数に近い関数が使われる場合も多い．

31) なお，w が生残率のように連続的に変化するときは，「全部足したら 1」を「積分したら 1」に変える．

32) prior distribution.

続無限個なので，シグマを積分に変えて

$$\int_{-\infty}^{\infty} L(w|\mathbf{x}_n)f(w)dw \tag{6.4}$$

となる[33)]．

結局，式 (6.3) は

$$P(w|\mathbf{x}_n) = L(w|\mathbf{x}_n)f(w)/\int_{-\infty}^{\infty} L(w|\mathbf{x}_n)f(w)dw \tag{6.5}$$

と書き直せる．

左辺 $P(w|\mathbf{x}_n)$ は，データ $\mathbf{x}_n$ が与えられたときにパラメータ値が w である条件付き確率である．これを文字どおり解釈すると，データが $\mathbf{x}_n$ 与えられたという「事」の「後」に決まってくるパラメータ w の確率分布なので，事後分布[34)] という．

右辺の分子 $L(w|\mathbf{x}_n)f(w)$ は，データと統計モデルから計算できる尤度と任意に与える事前分布の積で，どちらも計算できる．一方，分母の定積分は，うまく求められない場合が多い．というのも，ベイズ統計を応用する場面ではたくさんのパラメータを使うことが多い．そんな多変量の関数の多重積分の計算なので，よく知られた関数で不定積分を求めて逐次積分するという手順は踏めなくても仕方ない．ただ，パラメータ w で積分するので分母は w には依存しない．統計モデルの数式と事前分布とデータが決まれば自動的に定まる定数である．

事後分布 $P(w|\mathbf{x}_n)$ は，データが与えられたという条件のもとで算出される，パラメータの値がその値である確率である．式 (6.5) の分母は定数なので w に応じて変化するのは分子の尤度 $L(w|\mathbf{x}_n)$ と事前分布 $f(w)$ である．したがって，事前分布 $f(w)$ が定数または定数に近いとき，事後分布 $P(w|\mathbf{x}_n)$ はほぼ尤度に比例するので，「尤もらしそうな」ところで高く，尤もらしくなさそうな所で低いと期待できる．だから，事後分布 $P(w|\mathbf{x}_n)$ の値の高い w を見つければ，尤もらしい推定値として使えそうである[35)]．そして，事後分布は確率分布なので，確率分布からのランダムなサンプルの生成法を使うことができる．

ところが，分母の定積分は計算できない場合が多い．このため，ベイズ統計における事後分布は，概念としてはいいが，実際には計算できない机上の空論という見方をされてきた．

33) 生残率のように 0 と 1 の間しか動かないときは，定積分の範囲を 0 から 1 にする．

34) posterior distribution.

35) 事前分布が定数に近くないときは，事後分布の高い所と尤度関数の高い「尤もらしい」所は必ずしも一致しない．ただし，データが多いと事前分布の影響は小さくなり，事後分布と尤度はほぼ比例するようになることが知られている．

ところが，MCMCと呼ばれるアルゴリズムの中には，この分母という定数が不明でも実行可能なランダムなサンプル生成法がある．それを使うことで，尤もらしいパラメータを，事後分布からのランダムなサンプルという形で集められるのである．

そんなという計算アルゴリズムは，いったいどういう原理なのだろう．どうして都合良く，確率分布の値の高くなる所からパラメータを拾ってこられるのだろう．

6.5 メトロポリス・ヘイスティングス法

MCMCの代表例であるメトロポリス・ヘイスティングス法の，一つの例を見てみる．

① 初期値 w_0 を事前分布 $f(w)$ のランダムなサンプルとする[36]．
② 平均 w_0，分散 σ^2 の正規分布からのランダムなサンプルを z_1 とし，次の候補（提案）とする[37]．
③ 0と1の間の一様乱数 u_1 を生成する．
④ 尤度と事前分布の積 $L(w|\mathbf{x}_n)f(w)$ について，

$$\frac{L(z_1|\mathbf{x}_n)f(z_1)}{L(w_0|\mathbf{x}_n)f(w_0)} \geqq u_1 \text{ なら } w_1 = z_1,$$
$$\frac{L(z_1|\mathbf{x}_n)f(z_1)}{L(w_0|\mathbf{x}_n)f(w_0)} < u_1 \text{ なら } w_1 = w_0 \text{ とする}$$ [38].

⑤ ②，③，④における0を i，1を $i+1$ として w_i から w_{i+1} を作る作業に直し，これを繰り返す．
⑥ 十分多い回数（m 回とする）繰り返すと，w_m は事後分布からのランダムなサンプルと見なせる．
⑦ ①–⑥を必要なランダムなサンプルの個数回，繰り返す[39]．

全体のイメージを抱けるだろうか．②を見ると，前の数値 w_i と少しずらした数値 z_i を次の候補としている．④では，式(6.5)右辺の分子にあたる尤度と事前分布の積 $L(w|\mathbf{x}_n)f(w)$ について，候補 z_i と前の数値 w_i との比をとっている．候補のほうが大きければ比は1より大きいため，0と1の一様乱数 u_i が何であっても必ず（確率1で）候補 z_i を次の数値 w_{i+1} とする．候補のほうが小さいときは，その小ささに応じて確率的に前の数値か新しい候

[36] 必ずしも事前分布からのランダムなサンプルとする必要はない．あくまで「一つの例」を示している．

[37] 酔歩（random walk）という．ここで，分散 σ^2 は適当に定める．なお，ここに入り込むのは事前分布のような主観性でなく，計算効率（⑥の m をどのくらい少なくできるか）である．また，候補 z_1 の提案には，正規分布を用いる酔歩以外にもいろいろある．文献[3-3]，5.7節参照．

[38] ここは本来，事後分布を使って
$P(z_1|\mathbf{x}_n)/P(w_0|\mathbf{x}_n) \geqq u_1$ なら $w_1 = z_1$，
$P(z_1|\mathbf{x}_n)/P(w_0|\mathbf{x}_n) < u_1$ なら $w_1 = w_0$ とする
と書かれる．事後分布 $P(w|\mathbf{x}_n)$ は $L(w|\mathbf{x}_n)f(w)$ を $\int_{-\infty}^{\infty} L(w|\mathbf{x}_n)f(w)dw$ で割ったものである．この積分は定数，かつ分子の $P(z_1|\mathbf{x}_n)$ と分母の $P(w_0|\mathbf{x}_n)$ で共通のためキャンセルする．それでこのような表記にした．積分で表される定数を求めなくても計算できるあたりがこのアルゴリズムの便利なところなのである．

補か決める．新しい候補が前の数値よりわずかに小さく，比が例えば0.9なら確率0.9でu_iより大きいから，確率0.9で候補z_iが選ばれる．比が例えば0.1だと，確率0.1でしか比はu_iより大きくならないので，確率0.9で前の数値w_iのままが選ばれる．

したがって，数列$w_1, w_2, w_3, \ldots$は次第に$L(w|\mathbf{x}_n)f(w)$が大きくなるほうへ進んでいく傾向を示す．ただ④で小さいほうへ移動することもある．結果として，十分な回数m回の後ではw_mは$L(w|\mathbf{x}_n)f(w)$が大きいあたりに来ている確率が高いが，低い確率で$L(w|\mathbf{x}_n)f(w)$の小さい所へも来る．式(6.5)右辺の分母は定数なので，この操作を繰り返せば，w_mは事後分布の確率密度関数の大きいあたりから多く，小さいところから少なく生成される．こうして，事後分布からのランダムなサンプルが生成されていく．こんなイメージである．

[39] 2回目以降は前の回の最後のw_mをw_0として①を始めてもよい．その場合，w_mは事後分布の値がある程度高いところにいる場合が多いので，まったく自由に①を始める場合と比べ，⑥の「十分な回数」mを少なくできる場合が多い．そうすると，1本の長い数列を作り，そのm番以降から適当な間隔を空けて取り出すという作業になる．

6.6 標識調査データの場合

図6.4は，表4.1の標識調査データから生残率と発見率を推定する統計モデル（図4.2）に対し，最尤法でなく，メトロポリス・ヘイスティングス法でパラメータを推定するExcelシートの例である．

事前分布は生残率も発見率も0と1の間の一様分布とした[40]．セルB8とC8では，事前分布からのランダムなサンプル$\mathbf{w}_0$[41]を生成している．セルD8からG8で図4.2の発見パターンごとに尤度を計算している．セルH8とI8で正規分布からのランダムなサンプルを作って次の候補$\mathbf{z}_1$としている[42]．この候補に対しても4つのパターンごとに尤度をセルJ8からM8で計算している．事前分布の確率密度関数は今の場合，すぐ上で決めたように定数1なので④の計算に必要ない．パラメーターが$\mathbf{w}_0$と$\mathbf{z}_1$の場合の尤度の比は，発見パターンごとに計算して4つをかけている（セルN8）[43]．最後にセルO8で0と1の間の一様分布からのランダムなサンプルを生成し，尤度の比（セルN8）がそれより大きければセルH8とI8の候補，そうでなければ前のセルB8とC8の数値をセルB9とC9に出させる．以降はこの繰り返しなので，コピーして下へ貼り付けていけばよい．図6.4では41000回

[40] 式(6.5)の$f(w)$は常に1．

[41] 生残率sと発見率pの2つあるので2次元ベクトル．手順①–⑦はベクトルでも同じである．

[42] 逆関数法で生成している．Excelシート内の
=NORMINV( )
は正規分布の累積分布関数の逆関数を表す．その最初に列PやQで生成する0と1の間の一様乱数を参照している．

[43] 一般に尤度は非常に小さいため，計算ソフトによっては0と認識してしまう．そこで4つに分けるという工夫をした．

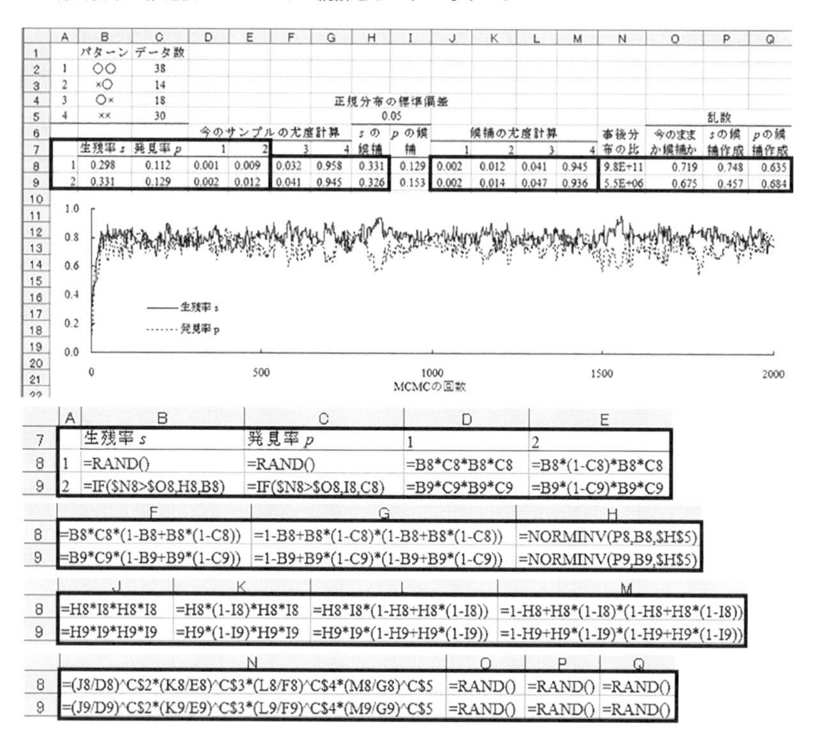

	A	B	C	D	E	F	G	H	I	J	K	L	M	N	O	P	Q
1		パターン	データ数														
2	1	○○	38														
3	2	×○	14														
4	3	○×	18					正規分布の標準偏差									
5	4	××	30					0.05								乱数	
6				今のサンプルの尤度計算				sの候補	pの候補	候補の尤度計算				事後分布の比	今のままか候補か	sの候補作成	pの候補作成
7		生残率 s	発見率 p	1	2	3	4			1	2	3	4				
8	1	0.298	0.112	0.001	0.009	0.032	0.958	0.331	0.129	0.002	0.012	0.041	0.945	9.8E+11	0.719	0.748	0.635
9	2	0.331	0.129	0.002	0.012	0.041	0.945	0.326	0.153	0.002	0.014	0.047	0.936	5.5E+06	0.675	0.457	0.684

	A	B	C	D	E
7		生残率 s	発見率 p	1	2
8	1	=RAND()	=RAND()	=B8*C8*B8*C8	=B8*(1-C8)*B8*C8
9	2	=IF($N8>$O8,H8,B8)	=IF($N8>$O8,I8,C8)	=B9*C9*B9*C9	=B9*(1-C9)*B9*C9

	F	G	H
8	=B8*C8*(1-B8+B8*(1-C8))	=1-B8+B8*(1-C8)*(1-B8+B8*(1-C8))	=NORMINV(P8,B8,H5)
9	=B9*C9*(1-B9+B9*(1-C9))	=1-B9+B9*(1-C9)*(1-B9+B9*(1-C9))	=NORMINV(P9,B9,H5)

	J	K	L	M
8	=H8*I8*H8*I8	=H8*(1-I8)*H8*I8	=H8*I8*(1-H8+H8*(1-I8))	=1-H8+H8*(1-I8)*(1-H8+H8*(1-I8))
9	=H9*I9*H9*I9	=H9*(1-I9)*H9*I9	=H9*I9*(1-H9+H9*(1-I9))	=1-H9+H9*(1-I9)*(1-H9+H9*(1-I9))

	N	O	P	Q
8	=(J8/D8)^C$2*(K8/E8)^C$3*(L8/F8)^C$4*(M8/G8)^C$5	=RAND()	=RAND()	=RAND()
9	=(J9/D9)^C$2*(K9/E9)^C$3*(L9/F9)^C$4*(M9/G9)^C$5	=RAND()	=RAND()	=RAND()

図 6.4 メトロポリス・ヘイスティングス法で生残率と発見率の事後分布からのランダムなサンプルを生成している Excel シートの例．黒枠で囲まれたセルに入力する式を下に示した．セル B9 を入力したらコピーして列 C と下の行へ貼り付ける．セル I8 はセル H8 をコピーして貼ればよい．セル D8 から Q8 を入力したらコピーして下の行へ貼り付ける．

繰り返し，1000 回以降[44] の 1050 番から 50 おきに 51000 番まで計 1000 個をランダムなサンプルとして使うことにした．図 6.5b はそれらを生残率 s と発見率 p の平面に描いた散布図である．第 4 章の図 4.8 の対数尤度関数の等高線図と対比させると，対数尤度関数の高さに比例する感じで点が散らばっている様子がうかがえる．

図 6.6b ではパラメータごとのヒストグラムを描いた．図 6.6a の上 2 行にはモンテカルロ平均と標準偏差[45] を示した．結果として，最尤推定値[46] とだいたい同じ生残率と発見率が推定されている．さらに，1000 個のサンプルを小さい順に並べ，下から 2.5%，上から 2.5%，その真ん中（中央値）も求めた．下から 2.5%と上から 2.5%の間を 95%（等裾）信用区間[47] といい，事後分布の確

44) 何回以降なら「十分先」と言えるのだろう．ここでは図 6.4 の折れ線グラフや図 6.5a を見ると，最初は初期値の近くにいるが，30 回くらいから後は 0.6 と 0.9 の間をうろついている．ここでは余裕をもって 1000 回以降とした．もう少ししっかりした決め方について，文献 [6-3]，7.1.8 項に簡単な紹介がある．なお，事後分布に収束したと見なす回数 m までを burn-in といい，ここまでの数値はランダムなサンプルとして使わない．

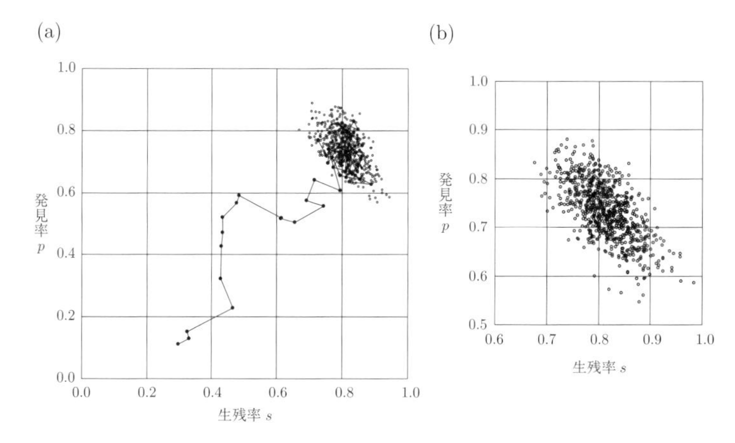

図 6.5 (a) 図 6.4 の計算結果の，1 番から 30 番までを黒丸と細線で結び，31 番から 1000 番までは白丸で表示した．(b) 1050 番から 50 おきに 40000 番までとった 1000 個の数値の散布図．

(a)

	生残率 s	発見率 p
平均	0.82	0.73
標準偏差	0.048	0.059
下から2.5%	0.72	0.62
上から2.5%	0.91	0.84
中央値	0.81	0.74

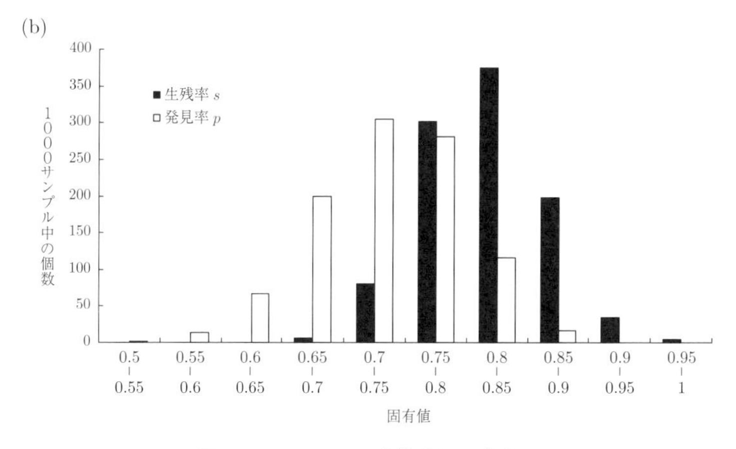

図 6.6 図 6.4 の計算結果の集約．

率（密度）がある程度大きいパラメータ（尤もらしいラメータ値）の目安としてよく使われている．

ちなみに，1000 個のサンプルの対数尤度値を見てみると，最大は −132.348 で，最大対数尤度の −132.347 よりわずかに小さい．

45) モンテカルロ分散の平方根．

46) 生残率は 0.81，再発見率は 0.74 だった（図 4.4）．

47) credible interval.

表 6.1 図 6.4 のデータの数を 10 倍にしたとき，事後分布から 1000 個のランダムなサンプルをとり集約した．

	生残率 s	発見率 p
平均	0.81	0.74
標準偏差	0.014	0.019
下から 2.5%	0.78	0.70
上から 2.5%	0.84	0.78
中央値	0.81	0.74

最小は −140.6, 下から 2.5%は −136.0 だった．

4.9 節ではデータ数が 10 倍になると，最尤推定値から少し離れただけで元データとかなり違う様相のデータしか生成しないパラメータ値になってしまう様子を見た．表 6.1 は，図 6.4 の中のデータの部分（セル C2 から C5）を 10 倍にして MCMC を行い，図 6.6 と同じように 1000 個のサンプルを集約したものである．図 6.6a と比べ，尤もらしいパラメータの散らばり（標準偏差）が小さくなっている様子が見て取れる．

6.7 個体群行列の固有値の事後分布

ある鳥類について，生育段階は幼鳥と成鳥の 2 つで，幼鳥と成鳥の生残率に特に差が見られず[48]，標識調査で表 4.1 のようなデータを得たとする．また，繁殖について，成鳥メス 1 羽が生むメスのヒナ数の平均は 1[49] を得たとする[50]．2×2 行列の 1 行 1 列目の要素を 0，1 行 2 列目の要素を平均繁殖数の 1 に固定し，2 行 1 列目の要素と 2 行 2 列目の要素に生残率の事後分布からのランダムなサンプルを一つ入れ，固有値を計算する（図 6.7a）．この計算を図 6.4 から図 6.6 に示したランダムなサンプル 1000 個について行い[51]，結果をモンテカルロ平均と標準偏差，ランダムなサンプルを小さい順に並べた下から 2.5%，上から 2.5%，真ん中（中央値）にまとめたものが図 6.7b，ヒストグラムで表示したのが図 6.7c である．

ちなみに，最尤推定値と上記の繁殖率 1 を用いた個体群行列の固有値を計算してみると 1.398 だった．ランダムなサンプルを使ったモンテカルロ平均とほぼ同じになっている[52]．最尤推定値を用

48) こんな鳥類は実際には少ないないだろう．とりわけ長寿の鳥類において幼鳥の死亡率は高い場合が多い．

49) オスも含めると平均 2.

50) もちろん繁殖率もベイズ推定でランダムなサンプルを生成してもよいが，本書では 6.10 節で簡単に触れる程度にとどめ，ここでは 1 という固定値を使うことにした．

51) こんな計算は表計算ソフト Excel では無理．

52) このように小数 3 桁までぴったり一致することはまれ．

(a)

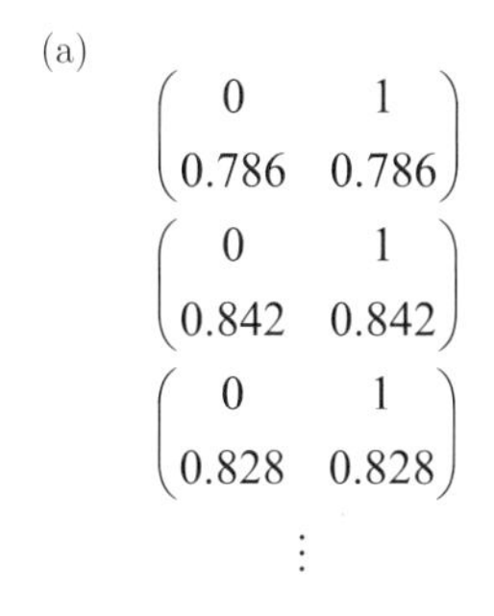

(c)

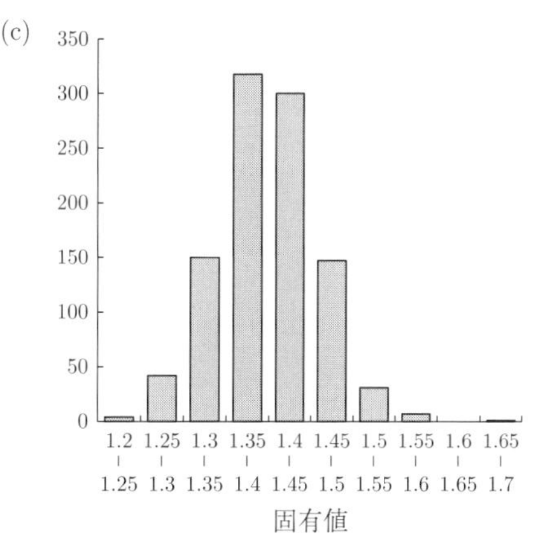

(b)

	固有値
平均	1.398
標準偏差	0.058
下から2.5%	1.287
上から2.5%	1.514
中央値	1.398

図 6.7 図 6.5 で得た 1000 個の生残率のランダムなサンプルを用いて作った 1000 個の個体群行列の，(a) 最初の 3 つ，(b)–(c) 固有値の分布，(c) の縦軸はサンプルの個数.

いた固有値がどのくらいの精度のものか，その計算だけではよく分からなかった．ベイズ推定を用いると，計算量も増えたが，図 6.7 のように，固有値がどのくらいの範囲に収まっていそうか，そんな目安も得られる．さらに，例えば 2 つの個体群を調査し最尤法で個体群行列を作って個体群成長率を計算したところ 1.01 と 1.02 だったとき，後者の成長率のほうが高いと言っていいのか，不安になる．こんなとき，両個体群行列をベイズ推定し，最大固有値の事後分布からのランダムなサンプルを生成し比較することで判断する方法もある[53].

[53] 同じようにして，繁殖価や感度の事後分布（からのランダムなサンプル）も示すことができる．1000 個の行列について繁殖価（左固有ベクトル）を求め，ベクトルの成分ごとに中央値や上下 2.5%の数値を求める．1000 個の行列について感度の行列を求め，行列要素ごとに中央値や上下 2.5%の数値を求める．なお，安定生育段階や弾性度は足して 1 になるという制約があり，1000 個の中央値の和は 1 になるわけでないので，何らかの形で事後分布を集約する．

6.8 MCMC の原理のイメージ

ここで，話をさかのぼってそもそも MCMC はどういう原理に基づいているアルゴリズムなのか，直観的なイメージを解説する．

MCMC の基本的な方針は

「事後分布に収束する確率分布の列（関数列 $f_i(y_i), i = 1, 2, \ldots$）を作る」（図 6.8 の上部）

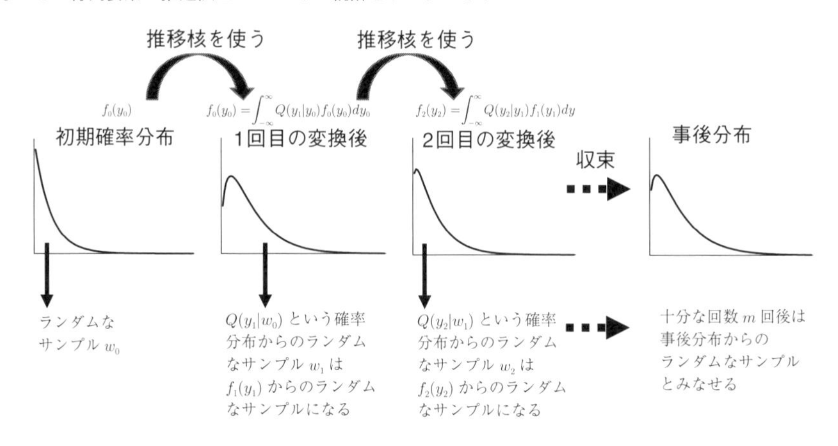

図 6.8 MCMC で事後分布からのランダムなサンプル（の近似）を生成するイメージ.

というものである．もしこんな関数列を作ることができたら，十分先の方ではほとんど事後分布と同じになっているはずなので，そこからのランダムなサンプルで事後分布からのランダムなサンプルとみなして問題ない．

ただ，繰り返しになるが，事後分布はよく知られた関数で書かれているわけではない．

式で書けてもいない関数に収束する関数列など，作れるはずもない．仮に作ることができたとしても，パラメータがたくさんあれば高次元空間の確率分布なので，そこからのランダムなサンプルを簡単に作ることはできないはずである[54]．

MCMC では，よく知られた簡単な確率分布を初期確率分布（関数列の初期値）とし，そこからある決まった変換[55]で次の確率分布を作る．この変換が事後分布とある等式[56]を満たしていると，変換していった先は事後分布に収束することが数学として証明されている．要するに，ややこしいことはこの数学の定理に片付けさせ，その等式を満たす変換探しに専念するのである．

毎回同じ操作で新しい確率分布の密度関数を作っていく作業は，z を一つ決めると w の確率分布が定まり[57]，かつその確率分布からのランダムなサンプルを容易に生成できる推移核という数式 $Q(w|z)$ を使う．式で書くと，i 番目の確率分布 $f_i(y_i)$ が与えられたとき，$i+1$ 番目の確率分布 $f_{i+1}(y_{i+1})$ を

54) 容易にランダムなサンプルを生成できるのはよく知られた 1 次元の確率分布くらいである．なお，高次元でも，それぞれが互いに独立なら，1 次元の確率分布のランダムなサンプルを並べたベクトルで済ませられる．実際，図 6.4 の中で s と p は独立に 0 と 1 の間の一様乱数で始めている．

55) 以下で述べる推移核を使う作り方．

56) 詳細つり合い条件と呼ばれる関係式，文献 [6-1], 5.7 節参照．

57) z を止めて w について積分すると常に 1 になる：$\int_{-\infty}^{\infty} Q(w|z)dw = 1$.

$$f_{i+1}(y_{i+1}) = \int_{-\infty}^{\infty} Q(y_{i+1}|y_i) f_i(y_i) dy_i \tag{6.6}$$

と定める．

この推移核 $Q(y_{i+1}|y_i)$ に相当するのが，6.5 節の ②，③，④ で w_i から w_{i+1} を決める[58] という操作である．確かに上記の推移核に関する条件のうち，z を一つ決めたら w を容易に作ることができるという条件は，正規分布からのランダムなサンプルの生成と尤度×事前分布の比の計算で，行えそうである．積分して 1 になることと，この操作が事後分布と詳細つり合い条件を満たすことの証明は，まずこの操作をしっかりと数式に書き直す必要がある．この作業は決して簡単ではないので本書では割愛する[59]．

さらに，こうして定まる確率分布の列の十分後ろのほうの確率分布 $f_m(y_m)$ からランダムなサンプルを生成するには，その確率分布の式が分かっていなくても，最初の確率分布 $f_0(y_0)$ のランダムなサンプル w_0 を作り，推移核 $Q(w|z)$ の z に w_0 を代入した確率分布 $Q(w|w_0)$ からのランダムなサンプルを w_1 とし，次は推移核 $Q(w|z)$ の z に w_1 を代入した確率分布 $Q(w|w_1)$ からのランダムなサンプルを w_2 とするという作業で数列を作れば，w_m は確率分布 $f_m(y_m)$ からのランダムなサンプルになっているということが証明されている．つまり，推移核を利用すると，十分先の確率分布からのランダムなサンプルは，そこから直接作るのでなく，初期分布のランダムなサンプルから始め推移核という変換で次を作ることで代替されてしまう．だから，初期分布がよく知られた 1 次元の確率分布の積なら，それぞれのランダムなサンプルから始めることで，数式で書けない事後分布からのランダムなサンプルを生成できてしまうのである．

[58] 正規分布を使って w_i をランダムに少し動かした候補 z_i と以前のままの w_i の 2 つから確率的に w_{i+1} を決める．

[59] 文献 [6-1]，5.7 節参照．

6.9 植物の生残率のベイズ推定

4.1 節で，3 個体全部が開花したというデータから生残して開花する確率を最尤推定すると 1 になってしまうという問題を投げかけた．ここではこの問題に対処する方法の一つとしてのベイズ推定を取り上げる．数式を単純にするため，他の生育段階への推移でなく，単なる生残率を考える．

植物 n 個体を識別して観察し，その生死を確認したとする．ある個体が生残する確率を s とすると，生残なら確率 s，死亡したなら確率 $1-s$ の事象が起こったことになる．データ生成過程は 4.12 節のように確率 1 で正しく生死を確認するというものなので，これらを個体ごとに順に掛けていったものが尤度になる．全部まとめて，生残したのが k 個体で死亡したのが残り $n-k$ 個体なら，尤度は

$$s^k(1-s)^{n-k} \tag{6.7}$$

となる．

この統計モデルをベイズ統計の枠組みに改める．そこで必要なのは，未知パラメータ s に関する事前分布である．6.6 節同様，事前分布を 0 と 1 の間の一様分布とする．事後分布は

$$\frac{s^k(1-s)^{n-k}}{\int_0^1 s^k(1-s)^{n-k}ds} \tag{6.8}$$

となる．式 (6.8) について 6.6 節と同じようにメトロポリス・ヘイスティングス法のプログラムを書いて実践すれば，事後分布からのランダムなサンプルを生成できる．

なお，式 (6.8) はベータ分布 (beta distribution) としてよく知られた確率分布である．ベータ分布からのランダムなサンプルは，たいていの計算ソフトに付いている．式 (6.8) は通常 $B(k+1, n-k+1)$ と書かれ，$k+1$ と $n-k+1$ を 2 つのパラメータ[60] として指定すれば，計算ソフトが瞬時にランダムなサンプルを生成してくれる．

図 6.9a は，$n=10$ のときに k をいろいろ変えたときの事後分布である．よく知られた確率分布なので，ランダムなサンプルでなく確率密度関数のグラフを描くことができる．k が 8 なら生残する割合は 0.8 で，事後分布は 0.8 のとき高くなっているが，その周辺の数値も 0.8 の場合より低い確率ではあるが起こり得る．k が 6 なら 0.6 で高くなっているが周辺も起こり得る．k が 0 のときも 0 で高くなるが，0.1 や 0.2 の確率もプラスの数値をとる．こうして，サンプル数が少なく割合は 0 だが本当に 0 と思えないときの一つの対処法をベイズ推定は提供してくれる[61]．

図 6.9b は，割合を 0.8 のまま n を 5, 10, 100 と変えた場合の事後分布である．たくさんの個体を調べたときほど事後分布は割合 0.8 の周りに集中していく様子を見て取れる．

[60] 多くの数学本で α, β と表記されている．

[61] 事前分布は 0 と 1 の間の一様分布である必要はない．何らかの根拠があって絶対生残率は 0.5 より小さいと断定できるなら，0.5 以上で 0 となる確率分布を事前分布に用いてもよい．当然，事後分布は異なってくる．この恣意性がベイズ統計に対する根強い不信感を与えている．

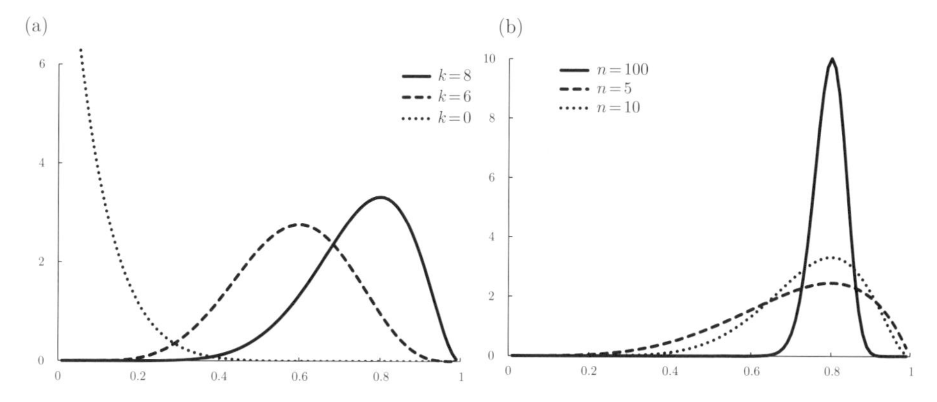

図 6.9 確実に生死が分かる場合の生残率のベイズ推定. (a) 10 個体中 k 個体が生残したというデータのときの事後分布, (b) 割合は同じ 0.8 だがデータ n の数を 5, 10, 100 と変えたときの事後分布.

第 2 章のオオウバユリの場合，どの生育段階へ推移するか，可能性が生死のように 2 つでなく 3 つ以上ある．この場合，ベータ分布を多変量に拡張したディリクレ分布と呼ばれる確率分布を事前分布とし 4.12 節のように多項分布モデルを用いると，事後分布もディリクレ分布になることが知られている[62]．

[62] 事前分布と事後分布が同じ確率分布になる（もちろん尤度を掛けて積分が 1 になるよう割るため確率分布の中のパラメータは変わる）とき，その事前分布を共役 (conjugate) 事前分布という．[6-3], 5.7 節にその例の一覧がある．

6.10 繁殖率のベイズ推定

4.13 節のように繁殖数をポアソン分布でモデル化する場合，未知パラメータは強度と呼ばれる正の数である．0 と 1 の間に収まる生残率と違って一様分布を事前分布にできない．よく使われるのがガンマ分布という確率分布で，そうすると事後分布もまたガンマ分布になることが示される[63]．ガンマ分布のランダムなサンプルの生成は多くの計算ソフトに入っているので，MCMC を使わなくてもランダムなサンプルを生成できる．ただし，ガンマ分布は 0 から無限大までの確率分布なので，10 個未満の卵しか産まないことが確かな鳥類のヒナ数に 1000 や 10000 の可能性を与える事前分布は不自然に思える．かといって 10 以上は 0 になる確率分布を事前分布にすると事後分布はよく知られた確率分布にはならないので，MCMC でランダムなサンプルを作らないといけ

[63] 文献 [6-3] を参照.

ない．

無限まで含んでしまうガンマ分布の 10 あたりで打ち切る確率分布も，恣意的に決めたという域を出ない．6.6 節では生残率と発見率に 0 と 1 の間の一様分布という事前分布を与えたが，生残率が 0.1 にも満たないことが確実なとき，0.9 や 0.95 に 0.1 と同じくらいの確率（密度）を与える点で，やはり不自然かつ恣意的である．こうした違和感がベイズ推定にはつきまとう．

付記

本章ではベイズ推定を，「MCMC でたくさん点が取れたかどうかで尤度の高い所を知る」というような表現をした．これは，多くのベイズ統計の本の記述と異なっている．一般には，「データ収集前の情報に基づくパラメータの事前分布を，データにより事後分布に更新する」といった表現が多い．

定数関数や定数関数に近い事前分布を使うと事後分布は尤度にほぼ比例する．結果として尤度の高い所から MCMC で多くの点が生成され，実質，本章のような表現と同じことになる．一方，定数でない事前分布を用いるベイズ推定も行われており，その場合，本章の表現は不適切である．言い換えると，本章で解説したベイズ推定は今日ベイズ推定と称される統計手法の中の一部であり，他のベイズ統計本より狭い内容の解説である．

ベイズ推定の初学者にとって，どういう導入が入りやすいのだろう．

本書を執筆している 2020 年前後のベイズ統計を用いる個体群生態学論文の多くが，実質的には本章の表現に沿ったようなベイズ推定をしている．

この 2 点を踏まえ，本書ではあえて，狭い意味でのベイズ推定に絞った解説を試みた．興味を抱いた読者は，参考文献に挙げたベイズ統計本で本格的に学習を始めてほしい．

環境条件の効果を見る2 ——感度分析の発展（生命表反応解析（LTRE解析））[1]

第5章で解説した感度は，どの行列要素が個体群成長率により強い影響を及ぼすかを定量的に評価する．それぞれの行列要素は，各生育段階の生残率や成長率，繁殖率を意味しているので，言い換えれば，どの生育段階の生残・成長・繁殖が調査対象種の個体群動態にとって重要であるかを推測していたわけである．この章では，また別の解析手法について考えてみよう．

[1] LTRE は，Life Table Response Experiment の略．

7.1 環境条件が異なる個体群の成長率の違いをどう分析するか？

野外研究者が調査を始めるとき，一つの調査区を設定してデータを取ることはまれで，いくつかの異なる環境下にある調査区を作るほうが普通である．というのも，多くの場合，個体群動態の環境依存性を調べて比較すると厚みのある結果が導き出されることが期待されるからである．そして，図7.1のように環境条件が異なる生息地で個体群を調査し個体群成長率を計算した調査者なら，さらに次のような疑問に答えたいと思うだろう．**異なる環境条件下における個体群成長率 ($\lambda_{ア}$～$\lambda_{エ}$) の違いは，どの生育段階の生残・成長・繁殖によって引き起こされているのだろう？**[2]

この問いに答えるアプローチとして，2つの方法が提案されている（図7.2）．一つは，個体群成長率の違いの由来を探る方法であり[3]，もう一つは個体群成長率のバラツキの由来を探る方法である[4]．前者の「違いの由来を探る」には，1因子の場合と2因子の場合があり，2因子の場合には，2因子間の交互作用の有無に依存して解析方法が若干異なる．

具体的に，オオバナノエンレイソウ (*Trillium camschatcense*)

[2] 第7章は第5章と関係のない話に聞こえるかもしれないが，実は本章では第5章で説明した感度が鍵となる役割を果たす．7.2節で第5章の感度が出てくる．その後，少し間を置いてから7.5節以降で頻出する．

[3] 7.2–7.8節．

[4] 7.9節．

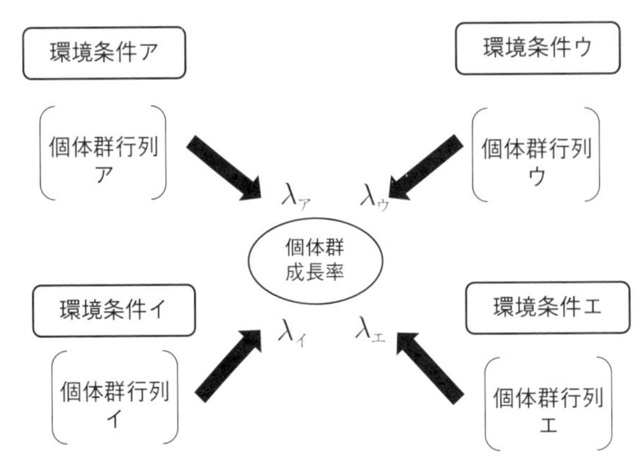

図 7.1 環境条件の違いからもたらされる個体群成長率の違い．環境条件が異なると，個体群行列も異なり，それに伴って個体群成長率も異なる．

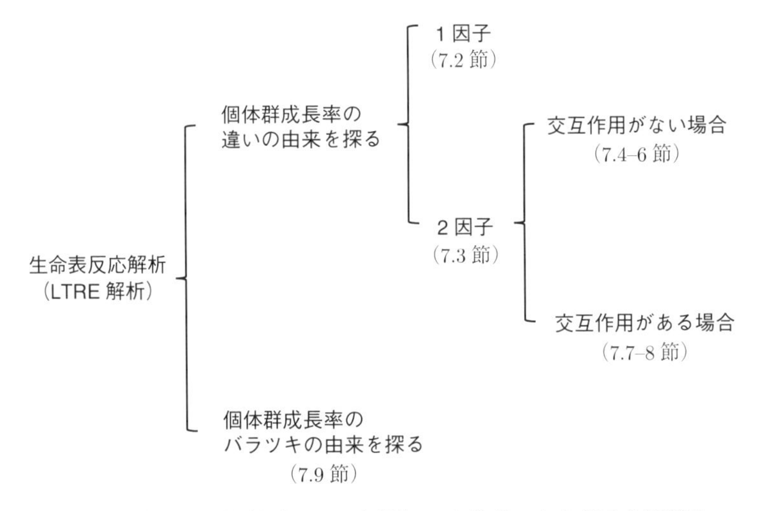

図 7.2 生命表反応解析（LTRE 解析）の全体像．生命表反応解析は，7.2 節の「1 因子」，7.3–7.8 節の「2 因子」，7.9 節の「バラつきの由来」に書かれた内容を基礎とした解析の総称である．

の例を見てみよう[5]．この多年生草本は北海道の安定的な林床環境に生育し，北海道の人にはシロバナノエンレイソウなどと呼ばれ，大きな白い花をつける．明治以降北海道への移住による人間活動の増大に伴って，北海道十勝地方では森林伐採が進み，オオバナノエンレイソウの生息地は減少していった．その結果，畑に囲まれた数多くの孤立林が見られる．人間活動による森林の分断

[5] 文献 [7-1].

化は，当然オオバナノエンレイソウの動態にも影響を与えているはずで，大きい林と小さい林を比べると，おそらく小さい林では土壌水分が減少し乾燥化が進んでいると考えられる．5 アールの孤立林と 500 アールの森林の中の個体群を 7 年間観測し[6)]，実生・一枚葉個体・三枚葉個体・開花個体の 4 つの生育段階を考えて（図 7.3a）[7)] 4 行 4 列の個体群行列を作ってみると，孤立林（乾燥）と森林（非乾燥）の個体群でそれぞれ，

$$\mathbf{P}_{\text{乾燥}} = \begin{pmatrix} 0 & 0 & 0 & 2.894 \\ 0.697 & 0.766 & 0 & 0 \\ 0 & 0.03 & 0.899 & 0.051 \\ 0 & 0 & 0.060 & 0.919 \end{pmatrix} \tag{7.1}$$

$$\mathbf{P}_{\text{非乾燥}} = \begin{pmatrix} 0 & 0 & 0 & 9.104 \\ 0.457 & 0.613 & 0 & 0 \\ 0 & 0.02 & 0.887 & 0.04 \\ 0 & 0 & 0.067 & 0.949 \end{pmatrix} \tag{7.2}$$

となった．産み落とされた種子は発芽し実生として個体群に参入した後，毎年少しずつ成長して成熟し花を咲かせる．順調に一枚葉から三枚葉へと発達するわけではなく，同じ生育段階に滞留 (stasis) することもあるし，花を咲かせた翌年に開花しない三枚葉段階に後退 (regression) することもある．その様子を行列の中に明示する

6) 6 回の推移．

7) 文献 [7-1] では，これ以外にも種子休眠をする生育段階を設定しているが，この章では理解を容易にするためにその生育段階がないものとして解説をしている．興味のある方は，原論文 [7-1] を参照してほしい．

(a)

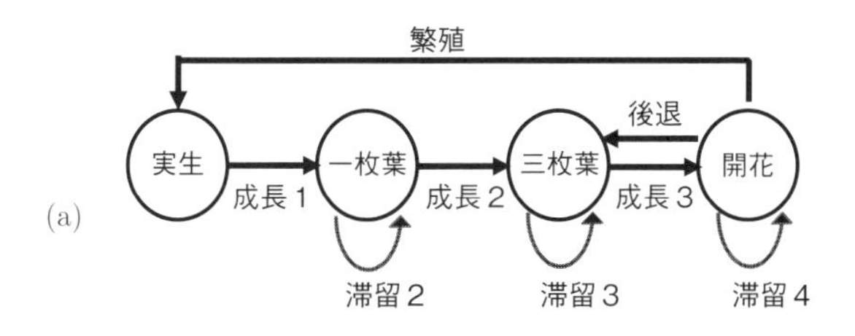

(b)

$$\begin{pmatrix} -- & -- & -- & \text{繁殖} \\ \text{成長 1} & \text{滞留 2} & -- & -- \\ -- & \text{成長 2} & \text{滞留 3} & \text{後退} \\ -- & -- & \text{成長 3} & \text{滞留 4} \end{pmatrix}$$

図 7.3 オオバナノエンレイソウの (a) 生活史の流れ図と (b) 対応するパラメーターの行列内での配置．

と，図 7.3b のような具合である[8]．

式 (7.1), (7.2) を使って計算すると，それぞれの個体群の個体群成長率は，

$$\lambda_{\text{乾燥}} = 1.036, \quad \lambda_{\text{非乾燥}} = 1.045 \tag{7.3}$$

である[9]．

8) 第 2 章で登場したオオウバユリと違って多回繁殖型 (polycarpic, iteroparous) なので，開花したら必ず死ぬわけではなく，開花という生育段階を維持（滞留）したり非開花（三枚葉）に後退したりする．

9) 第 3 章 BOX3.1 で紹介した統計ソフト R のコマンドを使った．

7.2 個体群成長率の違いの由来を探る ——1 因子の場合[10]

10) 文献 [0-1] では，fixed design (one-way design) と命名されている．

1 因子の効果を見たい状況として挙げられるのは，まさに上記のオオバナノエンレイソウのような，環境条件が対比される 2 つの調査地の場合である．その 2 つの調査地では土壌水分条件が異なると思われ，図 7.1 の環境条件アと環境条件イが 2 つの個体群のそれぞれに対応する．土壌水分条件の違い（乾燥の効果）が，$\lambda_{ア}$ と $\lambda_{イ}$ に影響を与えているはずで，その違いがどの生育段階の生残・成長・繁殖によって引き起こされるか，を調べようというのである[11]．

11) 実験的な例として，例えば農薬を散布したときの害虫減少の効果が保護したい植物にどう影響するのかを見たい場合が挙げられる．その場合，環境条件アが「害虫なし」で，環境条件イが「害虫あり」として比較する．

第 5 章の図 5.2 や式 (5.3) のように考えて，「非乾燥」条件下での行列 $\mathbf{P}_{\text{非乾燥}}$ の要素を $p_{ij}^{\text{非乾燥}}$ とし，「乾燥」条件下での行列 $\mathbf{P}_{\text{乾燥}}$ の要素を $p_{ij}^{\text{乾燥}} = p_{ij}^{\text{非乾燥}} + \Delta p_{ij}$ とする（図 7.4a）．すると，式 (5.3) を変形して，

$$\begin{aligned}\Delta\lambda &\approx \lambda_{\text{乾燥}} - \lambda_{\text{非乾燥}} \\ &= \frac{\partial\lambda}{\partial p_{ij}} \times \Delta p_{ij} = \frac{\partial\lambda}{\partial p_{ij}} \times (p_{ij}^{\text{乾燥}} - p_{ij}^{\text{非乾燥}}) \end{aligned} \tag{7.4}$$

[12]

12) ここで「乾燥」も「非乾燥」も付いていない p_{ij} が出てきた．その意味は以下で説明する．

という近似が可能である[13]．ある i 行 j 列の要素 p_{ij} だけを変化させるならこの近似式でよいが，異なる環境下ではすべての要素が変化していると考えられるので，すべて足し合わせた，

13) もちろん近似なので図 7.4a のように真の $\Delta\lambda$ とは少し違っている．

$$\begin{aligned}\Delta\lambda \approx \lambda_{\text{乾燥}} - \lambda_{\text{非乾燥}} &= \sum_{i,j} \frac{\partial\lambda}{\partial p_{ij}} \times \left(p_{ij}^{\text{乾燥}} - p_{ij}^{\text{非乾燥}}\right) \\ &= \sum_{i,j} s_{ij} \times \left(p_{ij}^{\text{乾燥}} - p_{ij}^{\text{非乾燥}}\right) \end{aligned} \tag{7.5}$$

という近似が望ましい[14]．ここで，シグマ記号の次の項 $\frac{\partial\lambda}{\partial p_{ij}}$ は，

14) 行 i と列 j のすべてに対する和だが，シグマ記号は省略して一つだけにしてある．

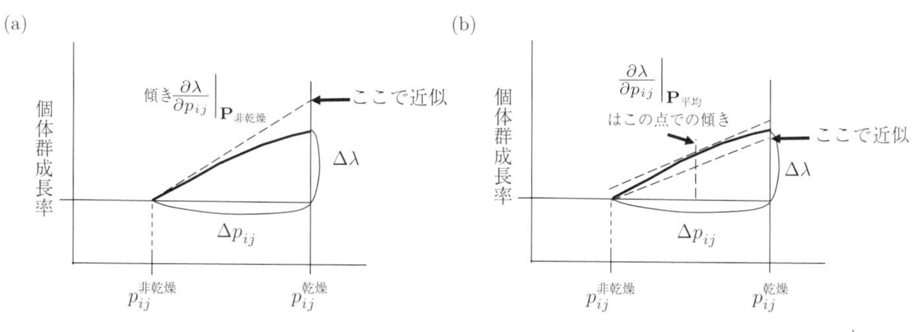

図 7.4 $\Delta\lambda$ を近似計算する 2 つの方法. (a) 非乾燥個体群行列の感度行列を使って $\left.\frac{\partial\lambda}{\partial p_{ij}}\right|_{\mathbf{P}_{非乾燥}}$ を用いる方法もある. 比較する原点が行列 $\mathbf{P}_{非乾燥}$ なのだから原点での偏微分を使うという考え方である. あるいは, $\mathbf{P}_{乾燥}$ での感度を用いる方法を考える人もいるだろう. (b) ここには, 2 本の斜めの破線が描かれている. 上の破線は, その傾きが平均行列の感度である線, 下の破線は上の破線に平行な線である.

5.2 節で説明した感度に当たるので, 右辺で s_{ij} に変えている. ところで, 第 5 章では, 感度を求めるときは一つの個体群行列を扱っていたので, その左右固有ベクトルを求めればよかった. 今回は行列は 2 つある. どうしたものだろう？

いくつかの方法があるが, ここでは, 2 つの行列の平均行列 $\mathbf{P}_{平均} = \frac{\mathbf{P}_{非乾燥}+\mathbf{P}_{乾燥}}{2}$ の感度 $\left.\frac{\partial\lambda}{\partial p_{ij}}\right|_{\mathbf{P}_{平均}}$ を使うことにする（図 7.4b）[15].

式 (7.5) の意味するところは, 基準となる個体群行列と何らかの環境条件の効果を見たい個体群行列が分かっていれば, 「**感度を求め, それらの数値を使って, 総和を取れば**」, 2 つの環境条件下での個体群成長率の差が近似的に求められる, ということである. 和で表されるということは, 逆に, **個体群成長率の差はいくつかの行列要素の変化に起因する成分に分解できる**ことを意味する. だから, 各成分を評価することで各生育段階の生残・成長・繁殖がどのくらい影響を与えているかを定量的に評価できる.

式 (7.3) の個体群成長率を見ると, 広い森林 (非乾燥) での個体群成長率のほうが大きい. この違いは式 (7.1) と (7.2) の, どの行列要素の違いに起因するのだろう. 式 (7.5) の中の $\left(p_{ij}^{乾燥} - p_{ij}^{非乾燥}\right)$ は, 2 つの個体群行列の差

15) どの行列の個体群成長率の偏微分かを長い縦棒の下付きで明示している. 式 (7.5) はあくまでも近似式なので, 近似がより正確であるやり方を選ぶという考え方に沿って平均行列が用いられることが多い.

$$\mathbf{P}_{\text{乾燥}} - \mathbf{P}_{\text{非乾燥}}$$

$$= \begin{pmatrix} 0 & 0 & 0 & 2.894 \\ 0.697 & 0.766 & 0 & 0 \\ 0 & 0.03 & 0.899 & 0.051 \\ 0 & 0 & 0.060 & 0.919 \end{pmatrix} - \begin{pmatrix} 0 & 0 & 0 & 9.104 \\ 0.457 & 0.613 & 0 & 0 \\ 0 & 0.02 & 0.887 & 0.04 \\ 0 & 0 & 0.067 & 0.949 \end{pmatrix}$$

$$= \begin{pmatrix} 0 & 0 & 0 & -6.210 \\ 0.240 & 0.153 & 0 & 0 \\ 0 & 0.010 & 0.012 & 0.011 \\ 0 & 0 & -0.007 & -0.030 \end{pmatrix} \tag{7.6}$$

の要素たちである．この差行列から，孤立林（乾燥）になることによって，1 行 4 列目の繁殖の項は大きく減少するが，2 行 1 列目の実生の生残率は増大していることなどが分かる．これらの変化の総合的な結果が個体群成長率の変化（式 (7.3)）をもたらしているわけである．

式 (7.5) を使うべく，平均行列の左右固有ベクトルを求め，感度を計算してみる．

$$\left\{ \frac{\partial \lambda}{\partial p_{ij}} \bigg|_{\mathbf{P}_{\text{平均}}} \right\} = \left\{ s_{ij} \bigg|_{\mathbf{P}_{\text{平均}}} \right\}$$
$$= \begin{pmatrix} -- & -- & -- & 0.008 \\ 0.079 & 0.127 & -- & -- \\ -- & 1.815 & 0.352 & 0.197 \\ -- & -- & 0.855 & 0.478 \end{pmatrix} \tag{7.7}$$

式 (7.5) のシグマ記号の中の $s_{ij}|_{\mathbf{P}_{\text{平均}}} \left(p_{ij}^{\text{乾燥}} - p_{ij}^{\text{非乾燥}} \right)$ の各要素は，式 (7.6) と (7.7) の各要素の積であるから，2 行 1 列目では，$0.240 \times 0.079 = 0.019$，2 行 2 列目では，$0.153 \times 0.127 = 0.019$ などとなる．すべての要素での計算結果は行列の形で

$$\begin{pmatrix} -- & -- & -- & -0.047 \\ 0.019 & 0.019 & -- & -- \\ -- & 0.018 & 0.004 & 0.002 \\ -- & -- & -0.006 & -0.014 \end{pmatrix} \tag{7.8}$$

と表される．

これらの式 (7.6)〜(7.8) の数値の結果は，図 7.5 のように，棒

(a)

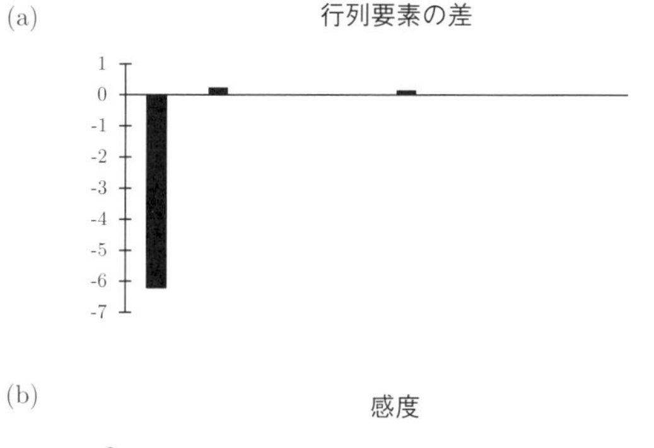

(b)

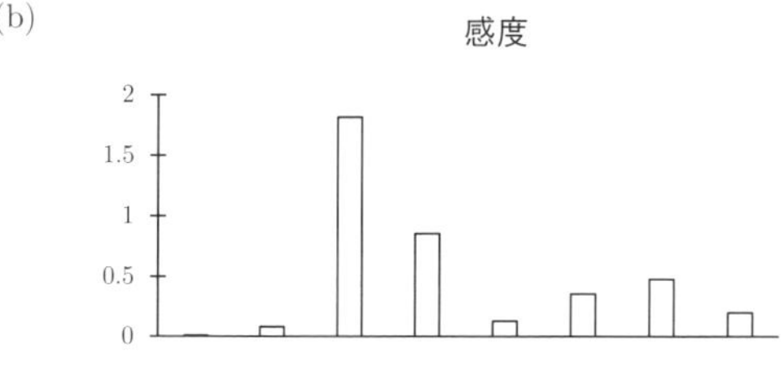

(c)

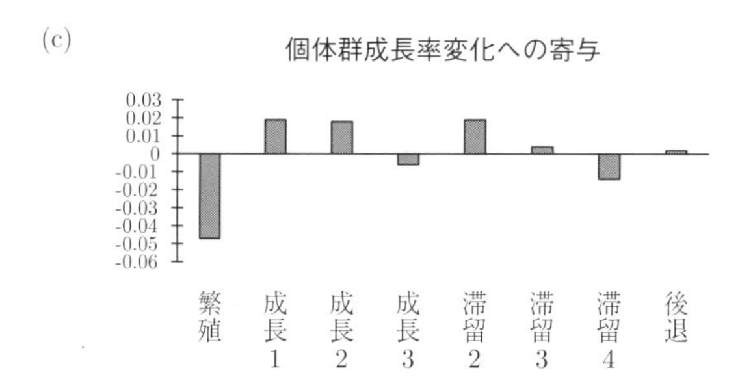

図 7.5 オオバナノエンレイソウに関する生命表反応解析（1 因子）の結果．(a) 2 つの調査区の行列要素の差（乾燥マイナス非乾燥），(b) 各行列要素の感度，(c) 個体群成長率の差への寄与．

グラフで表したほうが全体の傾向がよく見て取れる．

まず，図 7.5c から，個体群成長率の変化に最も大きく寄与したのは，繁殖の項であることが分かる[16]．孤立林になることで繁殖率が減少したことが，孤立林における個体群成長率の大きな減少につながったと考えられる．図 7.5a では，孤立林になることが必ずしもマイナスの効果ばかりを引き出すわけでないことも分かる．一枚葉段階への成長（成長 1）や一枚葉段階での滞留率（滞留 2）は孤立林において増加しており，その結果図 7.5c では，孤立林における個体群成長率の変化に正の寄与があることが見て取れる．また，三枚葉段階への成長（成長 2）については，行列要素の差

[16] これ以降の文章は，7.1 節で掲げた問い「異なる環境条件下における個体群成長率の違いは，どの生育段階の滞留・生残・成長・繁殖によって引き起こされているのだろう？」に対する答えになっている．

は小さいにもかかわらず (図 7.5a), 成長 2 の感度が高いために (図 7.5b), 孤立林における個体群成長率の変化に中程度の正の寄与がある. これらの結果を合わせて総合的に判断すると, 繁殖と開花個体の滞留 4 (開花個体の生残) の負の効果が他の正の効果の合算を超えていたために, 孤立林において個体群成長率が減少していた (式 (7.3) 参照) と解釈できる.

個体群行列を用いるこのような解析法を生命表反応解析といい, 環境条件の変化からもたらされる個体群成長率の変化が, 生活史過程のどの部分によって引き起こされるか, について詳細な情報を与えてくれる.

7.3 個体群成長率の違いの由来を探る ——2 因子の場合 [17]

[17] 文献 [0-1] では, fixed design (two-way design) と命名されている.

個体群動態を左右する要因が 2 つある場合にも同様のアプローチで解析が可能である. 例えば, 殺虫剤を用いて昆虫による食害を防ぐ効果を調べる場合, 殺虫剤の有無の違いを見るだけなら 2 つの実験区を設定すればよい. しかし, さらにその畑に肥料を与えることを考え, その量を三段階にし, 図 7.6 のように 2 つの要因 (殺虫剤の有無 (因子 1) と肥料条件 (因子 2)) が異なる 6 つの個体群を設定した実験区を作ってみる.「殺虫剤有」を環境条件 A,「殺虫剤無」を環境条件 B とし, 肥料量の多少を三段階に分けて, 環境条件ア, イ, ウと記号で表しておこう.

そうすると, 殺虫剤を使わずに肥料量を少なくした個体群でのデータは「個体群行列 $\mathbf{P}_{\text{Bア}}$」にまとめられ, その行列の最大固有値を求めることによって個体群成長率 $\lambda_{\text{Bア}}$ が得られる.「殺虫剤有かつ肥料普通」の場合は,「個体群行列 $\mathbf{P}_{\text{Aイ}}$」にまとめられ, 個体群成長率は $\lambda_{\text{Aイ}}$ である. 他の実験区も同じように個体群成長率が求められる. 図 7.6 の一番右の列に, 環境条件 A, B のもとでの肥料条件 (因子 2) の違いの影響を平均した行列

$$\mathbf{P}_{\text{A}\cdot} = (\mathbf{P}_{\text{Aア}} + \mathbf{P}_{\text{Aイ}} + \mathbf{P}_{\text{Aウ}})/3,$$
$$\mathbf{P}_{\text{B}\cdot} = (\mathbf{P}_{\text{Bア}} + \mathbf{P}_{\text{Bイ}} + \mathbf{P}_{\text{Bウ}})/3 \tag{7.9}$$

を配置した. この 2 つの行列を因子 2 の平均行列と呼ぶ [18]. 同じように一番下の行に殺虫剤条件 (因子 1) にわたる平均行列

[18] A· は「環境条件 A を固定したときの 3 つの肥料条件にわたる平均」を意味する. このドット (·) 記号を用いる記法は, ある条件を固定したときの平均に対してよく使われる.

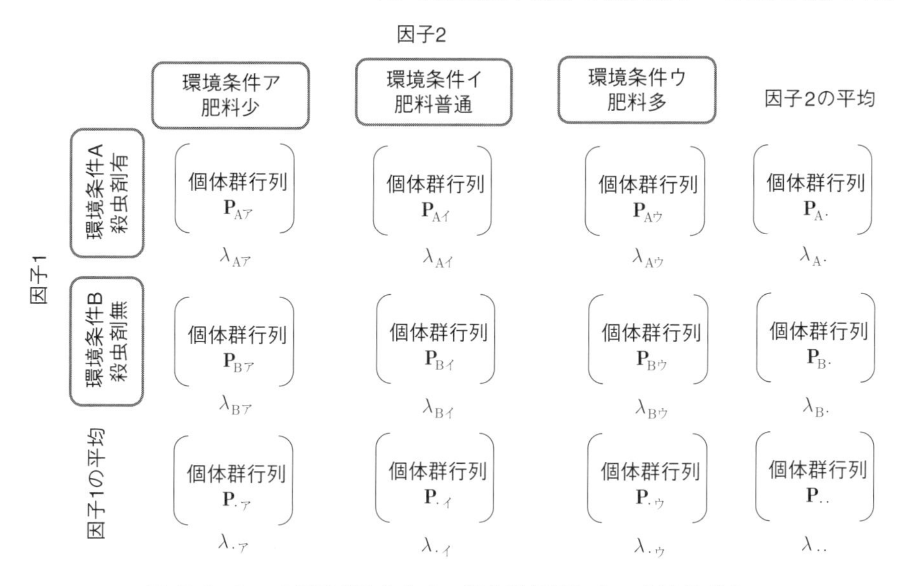

図 **7.6** 2つの因子があるときの個体群行列とその成長率 (λ).

$$\begin{aligned}\mathbf{P}_{\cdot\text{ア}} &= (\mathbf{P}_{\text{Aア}} + \mathbf{P}_{\text{Bア}})/2,\\ \mathbf{P}_{\cdot\text{イ}} &= (\mathbf{P}_{\text{Aイ}} + \mathbf{P}_{\text{Bイ}})/2,\\ \mathbf{P}_{\cdot\text{ウ}} &= (\mathbf{P}_{\text{Aウ}} + \mathbf{P}_{\text{Bウ}})/2 \qquad (7.10)\end{aligned}$$

を置き，右下にすべての平均行列

$$\begin{aligned}\mathbf{P}_{\cdot\cdot} &= (\mathbf{P}_{\text{Aア}} + \mathbf{P}_{\text{Aイ}} + \mathbf{P}_{\text{Aウ}} + \mathbf{P}_{\text{Bア}} + \mathbf{P}_{\text{Bイ}} + \mathbf{P}_{\text{Bウ}})/(2 \times 3)\\ &= (\mathbf{P}_{\text{A}\cdot} + \mathbf{P}_{\text{B}\cdot})/2 = (\mathbf{P}_{\cdot\text{ア}} + \mathbf{P}_{\cdot\text{イ}} + \mathbf{P}_{\cdot\text{ウ}})/3 \qquad (7.11)\end{aligned}$$

を置いた．

さて，これらの行列の個体群成長率に違いが見られたとき，それはどの生育段階の生残・成長・繁殖によって引き起こされたのだろう？ 一因子のときは式 (7.5) で個体群成長率の差をそれぞれの行列要素に分解した．二因子のときも同じように分解してくれる式を導くのだが，それに加えて因子の間の交互作用という概念も登場してくる．それは 7.7 節に回し，まず交互作用を考えない場合を考える[19]．

[19] 複雑な話に移る前に，「**因子** (factor)」と「**水準** (level)」という言葉を説明しておく．「因子」は前の節でも使っていたが，例えば殺虫剤量や性別のことである．さまざまな調査のときには，因子にいくつかの水準を設定する．例えば，因子「殺虫剤量」には，「少」「普通」「多」の 3 つの水準を設定したり，因子「性別」には「オス」と「メス」の 2 つの水準がある．

7.4 2因子の間に交互作用がない場合

二因子「殺虫剤」（因子 1），「肥料量」（因子 2）がそれぞれ「有」，「無」の 2 水準と「少」，「普通」，「多」の 3 水準である 6 つの実験区の個体群成長率が求められたとしよう（図 7.6）.

どのような肥料条件下でも殺虫剤散布の影響は個体群成長率に相等しく作用していて肥料量の影響を受けていない場合，殺虫剤の有無と肥料量の多少は個体群成長率に「独立に作用」していて，殺虫剤と肥料量の間に「交互作用はない」という.

仮想の例ではあるが，殺虫剤有（環境条件 A）のときの個体群成長率が図 7.7a の 3 つの●のようになったとしよう．環境条件 A のときの平均行列 ($\mathbf{P}_{\mathrm{A}\cdot}$) の個体群成長率 $\lambda_{\mathrm{A}\cdot}$ に比べると，肥料が少ないときはやはり個体群成長率が減少している．また，肥料が普通のときは $\lambda_{\mathrm{A}\cdot}$ に比べ若干高めであるが，さらに多めに肥料が与えられてもあまり個体群成長率（$\lambda_{\mathrm{A}ウ}$）は大きくならないようである[20]．一方，図 7.7b の殺虫剤無の影響（環境条件 B；水準 B）に目を転じると（下段の 3 つの●），環境条件 A（水準 A）と同様の傾向を示している．この図で注目してほしいのは，同じ肥料量の場合の環境条件 A と B の結果の差（図中◯印の線分の長さ $\lambda_{\mathrm{A}ア} - \lambda_{\mathrm{B}ア}, \lambda_{\mathrm{A}イ} - \lambda_{\mathrm{B}イ}, \lambda_{\mathrm{A}ウ} - \lambda_{\mathrm{B}ウ}$）はすべて等しいことである．つまり，交互作用がないので，どのような肥料条件下でも殺虫剤散布の影響は個体群成長率に相等しく作用して，下段の 3 つの●は上段の 3 つの●が下に平行移動したものになる．この下への平行移動は，殺虫剤を散布しなかったことで昆虫による食害が発生し，個体群成長率が減少したと解釈できる.

これら 6 つの個体群成長率のバラツキ具合（因子 1 と 2 の効果）を評価するために，基準とする参照軸がほしい．個体群成長率に 2 つの因子の影響があることはもちろんだが，それらの影響を除いたベースになる個体群成長率を知りたいからである[21]．参照軸としてよく使われるのは，図 7.6 の右下の行列に対応するすべての個体群行列の平均 ($\mathbf{P}_{\cdot\cdot}$) の「個体群成長率（$\lambda_{\cdot\cdot}$）」である．この参照軸を与える個体群行列を，**参照行列**[22] という.

参照軸 $\lambda_{\cdot\cdot}$ を図中に明示したものが図 7.7c で，参照軸をはっき

[20] 個体群行列 $\mathbf{P}_{\mathrm{A}ア}$ $\mathbf{P}_{\mathrm{A}イ}$，$\mathbf{P}_{\mathrm{A}ウ}$ の平均行列 ($\mathbf{P}_{\mathrm{A}\cdot}$) の個体群成長率（$\lambda_{\mathrm{A}\cdot}$）は，それぞれの行列の個体群成長率 $\lambda_{\mathrm{A}ア}, \lambda_{\mathrm{A}イ}, \lambda_{\mathrm{A}ウ}$ の平均に必ずしも一致しないことに気をつけてほしい．それは，「個体群成長率は行列要素たちの多変数関数」である（5.2 節）が，その関数は線形関数とは限らないので，「個体群成長率の平均」は「平均行列の個体群成長率」からずれるからである.

[21] 直線回帰で言えば，因子による影響を示す傾きの効果を除いた切片にあたるものを知りたいという考え方に似ている.

[22] reference matrix.

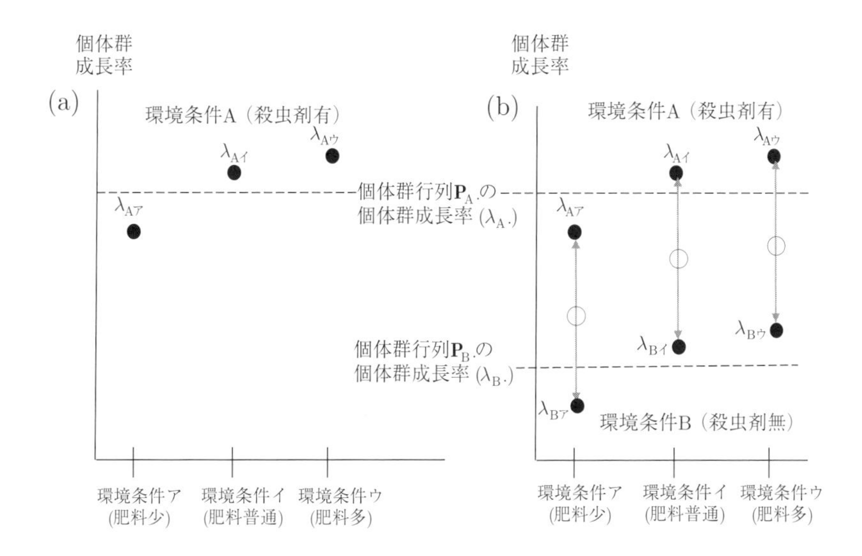

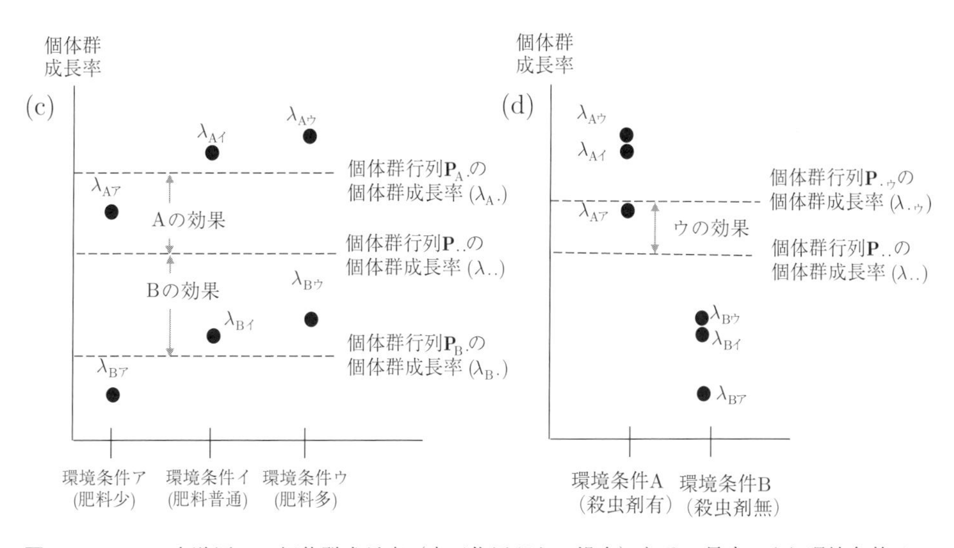

図 7.7 6つの実験区での個体群成長率（交互作用がない場合）とその見方．(a) 環境条件Aの3実験区の個体群成長率，(b) 環境条件Bも加えた6実験区の個体群成長率，(c) 環境条件A, Bの6実験区の個体群成長率（$\lambda_{..}$ を軸にして），(d) 横軸を環境条件A, Bに変えた6実験区の個体群成長率（$\lambda_{..}$ を軸にして）．

りさせたことで一つのご利益が生まれる．それは，図 7.7b の図中に示された $\lambda_{\mathrm{A}.}$ と $\lambda_{..}$ の差は平均的な環境条件 A の効果であり，$\lambda_{\mathrm{B}.}$ と $\lambda_{..}$ の差は平均的な環境条件 B の効果であると見ることができることである（図 7.7c）[23]．全体の平均個体群行列（$\mathbf{P}_{..}$）から見ると，環境条件 A の効果 ($\lambda_{\mathrm{A}.}-\lambda_{..}$) はプラスで，環境条件 B の効果 ($\lambda_{\mathrm{B}.}-\lambda_{..}$) はマイナスであることがこの図から分かる．因子 2（肥料量）についても，横軸を変えて同様の図を作ることが可能である（図 7.7d）．肥料少の場合は，環境条件ア（水準ア）の効果として $\lambda_{.ア}-\lambda_{..}$，肥料普通の場合は，環境条件イ（水準イ）の効果として $\lambda_{.イ}-\lambda_{..}$，肥料多の場合は，環境条件ウ（水準ウ）の効果として $\lambda_{.ウ}-\lambda_{..}$ を求めることができる[24]．

さて，因子 1 の水準が何通りか，因子 2 の水準も何通りかあって，そのうちの因子 1 の k 番目の水準，因子 2 の l 番目の水準の影響を受ける個体群成長率について見てみよう．その参照軸からのズレ（$\lambda_{kl}-\lambda_{..}$）は因子 1 と因子 2 の効果の合算であると考えるのが自然であるから，それぞれの参照軸からのズレの和であると考える[25]．すなわち，

$$
\begin{aligned}
\Delta\lambda = \lambda_{kl}-\lambda_{..} &= \text{因子 1 による効果} + \text{因子 2 による効果} \\
&\approx (\lambda_{k.}-\lambda_{..}) + (\lambda_{.l}-\lambda_{..}) \qquad (7.12)
\end{aligned}
$$

例えば，図 7.7c の上右端の点，$\lambda_{\mathrm{A}ウ}$ であれば，

$$
\Delta\lambda = \lambda_{\mathrm{A}ウ}-\lambda_{..} \approx (\lambda_{\mathrm{A}.}-\lambda_{..}) + (\lambda_{.ウ}-\lambda_{..}) \qquad (7.13)
$$

となる．つまり，「その点と $\lambda_{..}$ を示す破線との垂直距離 ($\Delta\lambda$)」は「環境条件 A の効果 ($\lambda_{\mathrm{A}.}-\lambda_{..}$)」と「環境条件ウの効果 ($\lambda_{.ウ}-\lambda_{..}$)」の合計と考える．

23) もちろん殺虫剤無の条件を参照行列にして，$\lambda_{\mathrm{B}.}$ を参照軸にすることもできる．どうするかは，研究の目的，実験設定に依存して変えていい．

24) 図が煩雑になるのを避けて，図 7.7d では環境条件ウの効果だけを描いているが，他の場合についても想像して図を見てほしい．

25) 他に因子がないし交互作用がないのだから自然な考え方であるが，あくまで近似でしかないので若干の誤差は出る．

7.5 感度分析の再登場

さて，少し驚かれるかもしれないが，ここに第 5 章で説明した「感度分析」が再び登場する．式 (7.12) の第 1 項は，式 (7.5) を参考にして感度を用いて少し書き換えると，

$$
\lambda_{k.}-\lambda_{..} \approx \sum_{i,j} s_{ij} \times \left(p_{ij}^{(k\cdot)} - p_{ij}^{(\cdot\cdot)}\right) \qquad (7.14)
$$

$$s_{ij} = \left.\frac{\partial\lambda}{\partial p_{ij}}\right|_{\frac{\mathbf{P}_{k\cdot}+\mathbf{P}_{\cdot\cdot}}{2}}$$

と表すことができる．式中，行列 $\mathbf{P}_{k\cdot}$ の i 行 j 列目の要素を $p_{ij}^{(k\cdot)}$，行列 $\mathbf{P}_{\cdot\cdot}$ の i 行 j 列目の要素を $p_{ij}^{(\cdot\cdot)}$，と記し，また，感度は行列 $\mathbf{P}_{k\cdot}$ と $\mathbf{P}_{\cdot\cdot}$ の平均の行列の感度を使っている[26]．式 (7.12) 右辺の第 2 項もやはり

$$\lambda_{\cdot l} - \lambda_{\cdot\cdot} \approx \sum_{i,j} s'_{ij} \times \left(p_{ij}^{(\cdot l)} - p_{ij}^{(\cdot\cdot)}\right) \tag{7.15}$$

$$s'_{ij} = \left.\frac{\partial\lambda}{\partial p_{ij}}\right|_{\frac{\mathbf{P}_{\cdot l}+\mathbf{P}_{\cdot\cdot}}{2}}$$

と表すことができる．添字 l は因子 2 の各水準に付けられた添字で，図 7.6 の例でいえば，「肥料量少，普通，多」の 3 水準を指す．式 (7.14)，(7.15) を式 (7.12) に代入して，

$$\lambda_{kl} - \lambda_{\cdot\cdot} \approx \sum_{i,j} s_{ij} \times \left(p_{ij}^{(k\cdot)} - p_{ij}^{(\cdot\cdot)}\right) + \sum_{i,j} s'_{ij} \times \left(p_{ij}^{(\cdot l)} - p_{ij}^{(\cdot\cdot)}\right) \tag{7.16}$$

という近似式が得られ，個体群 kl の個体群成長率の基準軸からのズレがシグマ記号の中の項に分解されている．項の数は最初のシグマ記号で個体群行列のサイズの二乗個，2 番目のシグマ記号でも行列サイズの二乗個あり，それらの和になっている．

式 (7.16) の中の $\left(p_{ij}^{(k\cdot)} - p_{ij}^{(\cdot\cdot)}\right)$ は，i 行 j 列目の要素における「因子 2 の平均行列と参照行列である全体平均との差」である．したがって，右辺第 1 項の i 行 j 列目の要素は「因子 1 の水準 k によって行列の i 行 j 列目の要素が平均の値から変化したときの個体群成長率への効果」である．同様に，右辺第 2 項の i 行 j 列目の要素は「因子 2 の水準 l によって行列の i 行 j 列目の要素が平均の値から変化したときの個体群成長率への効果」と解釈できる．

[26] 添字 k は因子 1 の各水準に付けられた添字で，図 7.6 の例でいえば，「殺虫剤有」と「殺虫剤無」である．

〈生命表反応解析（LTRE 解析）——2 因子：交互作用がない場合の近似式のまとめ〉

$$\text{因子 1 による効果} \approx \sum_{i,j} s_{ij} \times \left(p_{ij}^{(k\cdot)} - p_{ij}^{(\cdot\cdot)}\right) \tag{7.14}$$

$$\text{因子 2 による効果} \approx \sum_{i,j} s'_{ij} \times \left(p_{ij}^{(\cdot l)} - p_{ij}^{(\cdot\cdot)} \right) \tag{7.15}$$

$$s_{ij} = \left. \frac{\partial \lambda}{\partial p_{ij}} \right|_{\frac{\mathbf{P}_{k\cdot}+\mathbf{P}_{\cdot\cdot}}{2}}, \quad s'_{ij} = \left. \frac{\partial \lambda}{\partial p_{ij}} \right|_{\frac{\mathbf{P}_{\cdot l}+\mathbf{P}_{\cdot\cdot}}{2}}$$

7.6 2 因子の間に交互作用がない場合の例題

この節では，生育段階 2 つ（2 行 2 列の個体群行列）で因子 1，2 ともに 2 水準（因子 1 では A, B，因子 2 ではア，イ）の場合の例で生命表反応解析を具体的に行ってみる．

$$\mathbf{P}_{\mathrm{Aア}} = \begin{pmatrix} 0.5 & 0.8 \\ 0.25 & 0.6 \end{pmatrix}, \quad \mathbf{P}_{\mathrm{Aイ}} = \begin{pmatrix} 0.7 & 1.2 \\ 0.25 & 0.6 \end{pmatrix},$$
$$\mathbf{P}_{\mathrm{Bア}} = \begin{pmatrix} 0.4 & 0.6 \\ 0.25 & 0.6 \end{pmatrix}, \quad \mathbf{P}_{\mathrm{Bイ}} = \begin{pmatrix} 0.6 & 1.0 \\ 0.25 & 0.6 \end{pmatrix} \tag{7.17}$$

のような個体群行列が 4 つ得られたとしよう．それぞれの行列要素が表す生活史過程は[27]

$$\mathbf{P} = \begin{pmatrix} \text{滞留} & \text{繁殖} \\ \text{成長} & \text{生残} \end{pmatrix}$$

27）各行列要素の意味は，それぞれ滞留率・繁殖率・成長率・生残率である．

であるから，その言葉を使って説明していく．個体群成長率は，$\lambda_{\mathrm{Aア}} = 1$, $\lambda_{\mathrm{Aイ}} = 1.2$, $\lambda_{\mathrm{Bア}} = 0.9$, $\lambda_{\mathrm{Bイ}} = 1.1$ である．どの行列も生育段階 1 から 2 への成長と生育段階 2 での生残率は変わらず 0.25 と 0.6 であるが，生育段階 1 での滞留率と繁殖率がともに因子 1 と 2 の影響を受けて増減している．また，2 つの因子間に交互作用がないことは，$\lambda_{\mathrm{Aア}}$, $\lambda_{\mathrm{Aイ}}$ を 0.1 だけ減らすと，ちょうど $\lambda_{\mathrm{Bア}}$, $\lambda_{\mathrm{Bイ}}$ になることから確認できる．4 つの行列を用いる平均の行列は 5 つあり，それらの行列と個体群成長率は，

$$\mathbf{P}_{\mathrm{A}\cdot} = \begin{pmatrix} 0.6 & 1 \\ 0.25 & 0.6 \end{pmatrix} \quad \mathbf{P}_{\mathrm{B}\cdot} = \begin{pmatrix} 0.5 & 0.8 \\ 0.25 & 0.6 \end{pmatrix} \quad \text{因子 2 の平均行列}$$
$$\lambda_{\mathrm{A}\cdot} = 1.1 \qquad \lambda_{B\cdot} = 1$$

$$\mathbf{P}_{\cdotア} = \begin{pmatrix} 0.45 & 0.7 \\ 0.25 & 0.6 \end{pmatrix} \quad \mathbf{P}_{\cdotイ} = \begin{pmatrix} 0.65 & 1.1 \\ 0.25 & 0.6 \end{pmatrix} \quad \text{因子 1 の平均行列}$$
$$\lambda_{\cdotア} = 0.95 \qquad \lambda_{\cdotイ} = 1.15$$

$$\mathbf{P}_{..} = \begin{pmatrix} 0.55 & 0.9 \\ 0.25 & 0.6 \end{pmatrix} \quad 全体の平均行列 \tag{7.18}$$
$$\lambda_{..} = 1.05$$

である．

すると，水準Aの効果は $\lambda_{\mathrm{A}.} - \lambda_{..} = 1.1 - 1.05 = 0.05$，また，他の水準の効果は，それぞれ

$$\begin{aligned} \lambda_{\mathrm{B}.} - \lambda_{..} &= 1 - 1.05 = -0.05 \\ \lambda_{.ア} - \lambda_{..} &= 0.95 - 1.05 = -0.1 \\ \lambda_{.イ} - \lambda_{..} &= 1.15 - 1.05 = 0.1 \end{aligned} \tag{7.19}$$

となる．式(7.12), (7.18), (7.19)を使って，式(7.17)のすべての個体群成長率を因子1と因子2の効果の和に分解することができる．例えば，水準Aアの組み合わせでは，

$$\begin{aligned} \lambda_{\mathrm{A}ア} - \lambda_{..} &= 1 - 1.05 = (\lambda_{\mathrm{A}.} - \lambda_{..}) + (\lambda_{.ア} - \lambda_{..}) \\ &= 0.05 - 0.1 = -0.05 \end{aligned}$$

である．この計算では，因子1の水準Aと因子2の水準アの効果を評価しようとしている[28]．この平均行列の個体群成長率からの減少分 −0.05 は，因子1の水準A（殺虫剤有）の影響は正に働いていた(+0.05)のに，因子2の水準ア（肥料少）により，負に働いていた(−0.1)ことによって生まれた．では，それら(+0.05, −0.1)は，滞留・繁殖・生残・成長のどの過程によって引き起こされているのだろう？ これを解き明かすために，いくつもの項の和として表されている式(7.16)が使われる．

28) そう言われてイメージが湧きにくいのなら，水準Aを「殺虫剤有」，水準アを「肥料少」と読み替えてみる．

まず，因子1の水準Aの効果を見てみよう．そのためには，式(7.14)の k をAに変えた感度行列が必要である：

$$\mathbf{S} = \left\{ s_{ij} \right\} = \left\{ \left. \frac{\partial \lambda}{\partial p_{ij}} \right|_{\frac{\mathbf{P}_{\mathrm{A}.} + \mathbf{P}_{..}}{2}} \right\} \tag{7.20}$$

RやMathematicaなどの計算ソフトを使うと，少々ややこしく長いプログラムだが，この感度を求めることができて，

$$\mathbf{S} = \left\{ s_{ij} \right\} = \begin{pmatrix} 0.487 & 0.256 \\ 0.974 & 0.513 \end{pmatrix} \tag{7.21}$$

となる．一方，式 (7.14) のシグマ記号の中の 2 つの行列要素の差の部分 $\mathbf{\Delta P}$ は，やはり k を A に変えた式，

$$\mathbf{\Delta P} = \left\{ p_{ij}^{(\mathrm{A}\cdot)} - p_{ij}^{(\cdot\cdot)} \right\} = \begin{pmatrix} 0.05 & 0.1 \\ 0 & 0 \end{pmatrix} \tag{7.22}$$

である．式 (7.21) と (7.22) を用いると，以下のような行列の演算によって式 (7.14) の右辺のシグマ記号の中の各項の値を求めることができる．

$$\begin{aligned} \mathbf{S} \circ \mathbf{\Delta P} &= \begin{pmatrix} 0.487 & 0.256 \\ 0.974 & 0.513 \end{pmatrix} \circ \begin{pmatrix} 0.05 & 0.1 \\ 0 & 0 \end{pmatrix} \\ &= \begin{pmatrix} 0.487 \times 0.05 & 0.256 \times 0.1 \\ 0.974 \times 0 & 0.513 \times 0 \end{pmatrix} = \begin{pmatrix} 0.024 & 0.026 \\ 0 & 0 \end{pmatrix} \end{aligned} \tag{7.23}$$
[29]

ここで，式 (7.14) の右辺のシグマ記号の中の各項の値が行列の各要素に表示されている．式 (7.23) の i 行 j 列目の要素が，「個体群行列の i 行 j 列目の要素が平均の値から変化したときの個体群成長率への因子 1 の水準 A による効果」であり，式 (7.16) の右辺第 1 項はこれらの要素の和である：

$$\sum_{i,j} s_{ij} \times \left(p_{ij}^{(\mathrm{A}\cdot)} - p_{ij}^{(\cdot\cdot)} \right) = 0.024 + 0.026 + 0 + 0.$$

次に，因子 2 の水準アによる効果を見てみよう．やはり，式 (7.15) の l をアに変えた感度行列が必要であり，計算ソフトを使って求めると，

$$\mathbf{S}' = \left\{ s'_{ij} \right\} = \left\{ \left. \frac{\partial \lambda}{\partial p_{ij}} \right|_{\frac{\mathbf{P}_{\cdot ア} + \mathbf{P}_{\cdot\cdot}}{2}} \right\} = \begin{pmatrix} 0.444 & 0.278 \\ 0.889 & 0.556 \end{pmatrix} \tag{7.24}$$

となる．一方，式 (7.15) の中の 2 つの行列要素の差の部分 $\mathbf{\Delta P}'$ は，やはり l をアに変えた式から

$$\mathbf{\Delta P}' = \left\{ p_{ij}^{(\cdot ア)} - p_{ij}^{(\cdot\cdot)} \right\} = \begin{pmatrix} -0.1 & -0.2 \\ 0 & 0 \end{pmatrix} \tag{7.25}$$

となる．したがって，要素ごとの積（アダマール積）を使うと

$$\mathbf{S}' \circ \mathbf{\Delta P}' = \begin{pmatrix} 0.444 & 0.278 \\ 0.889 & 0.556 \end{pmatrix} \circ \begin{pmatrix} -0.1 & -0.2 \\ 0 & 0 \end{pmatrix}$$

[29] 2 つの行列の間にある○印は，要素ごとの積（英語では element-by-element product，別名アダマール積 (Hadamard product)）である．行列内の同じ場所にある要素同士を乗じた積で，1.3 節にある通常の行列の積と異なるが，こっちのほうが単純な積に見えると思う．R や Mathematica などの計算ソフトではそのコマンドも標準装備されている．

$$= \begin{pmatrix} 0.444 \times (-0.1) & 0.278 \times (-0.2) \\ 0.889 \times 0 & 0.556 \times 0 \end{pmatrix}$$

$$= \begin{pmatrix} -0.044 & -0.056 \\ 0 & 0 \end{pmatrix} \tag{7.26}$$

となり，この行列の i 行 j 列目の要素が，「因子 2 の水準アによって個体群行列の i 行 j 列目の要素が平均の値から変化したときの個体群成長率への効果」である．式 (7.16) の右辺第 2 項はこれらの要素の和である：

$$\sum_{i,j} s'_{ij} \times \left(p_{ij}^{(\cdot\,ア)} - p_{ij}^{(\cdot\cdot)}\right) = -0.044 - 0.056 + 0 + 0$$

これで役者は出揃った．ようやく，個体群 A アでの個体群成長率の減少 −0.05（平均行列からの減少）が，生残・成長・滞留・繁殖のどの過程によって引き起こされているのか，について答えることができる．この例の場合，式 (7.16) は，

$$\lambda_{\mathrm{A}ア} - \lambda_{\cdot\cdot} = -0.05$$

$$\approx \sum_{i,j} s_{ij} \times \left(p_{ij}^{(\mathrm{A}\cdot)} - p_{ij}^{(\cdot\cdot)}\right) + \sum_{i,j} s'_{ij} \times \left(p_{ij}^{(\cdot ア)} - p_{ij}^{(\cdot\cdot)}\right)$$

$$= \underbrace{\underset{\text{1 行 1 列目の要素}}{0.024} + \underset{\text{1 行 2 列目の要素}}{0.026} + 0 + 0}_{\text{水準 A（殺虫剤有）の効果}} + \underbrace{\underset{\text{1 行 1 列目の要素}}{(-0.044)} + \underset{\text{1 行 2 列目の要素}}{(-0.056)} + 0 + 0}_{\text{水準ア（肥料少）の効果}} \tag{7.27}$$

である．これらの数値を図にするともっとイメージがわくかもしれない．図 7.8 を見ると，個体群 A アでは，個体群行列の 1 行 2 列目の要素である繁殖が因子 2 の水準アによって最も大きいマイナスのダメージを受けている (−0.056)．因子 1 の水準 A はプラスの効果 (0.024, 0.026) を持ってはいるものの，因子 2 の水準アの影響をしのぐまでには至らずに，結局全体としては，個体群 A アは個体群成長率において平均行列よりも 0.05 減少の憂き目にあっているわけである．最終的に，「殺虫剤有・肥料少の個体群では，肥料が少ないことによる繁殖率の減少や滞留率の減少が大きく影響を与え，個体群成長率の低下をもたらした」と結論することができる[30]．

[30] この例題では，式 (7.27) の中に近似式記号 (≈) があるにもかかわらず，式 (7.27) の左辺 −0.05 はぴったり右辺の 8 個の値の和と等しくなる．たまたまこんなこともあるが，通常はいくらかの誤差が生まれる．

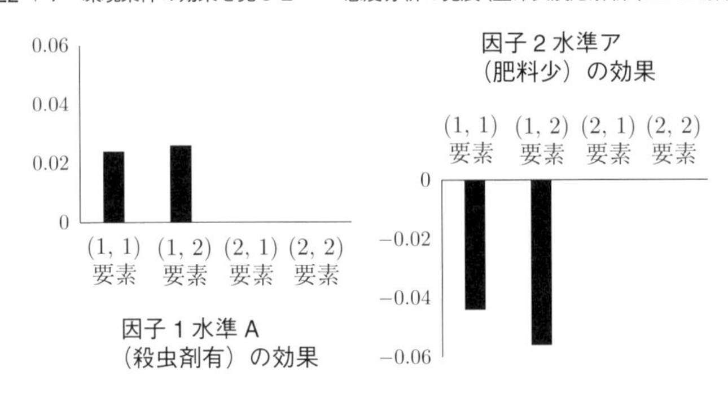

図 7.8　集団 Aアの生命反応表解析（2 因子：交互作用がない場合）の結果.

7.7　2因子の間に交互作用がある場合

前節までは，因子の間に交互作用がない場合についての解析方法について解説してきた．それは，図 7.7 のように，2 つの因子の結果がきれいに平行移動していた個体群成長率であったからである．ところが，図 7.9a のように個体群 Bアの個体群成長率（〇）だけが図 7.7 に比べて極端に低くなったとしよう[31]．肥料が少なかったときは，殺虫剤を散布しなかった（虫の食害にあってしまった）ことによる個体群成長率減少の効果はとても大きかったわけだが，もし肥料量が減ったことの効果が環境条件 A でも B でも同様に作用するなら，図 7.9b のように図の上部分の 3 点と下部分の 3 点は平行移動の関係にあるはずである．しかし，図 7.9a ではそうなっていないので，「肥料の量が少ないと殺虫剤を散布しなかった効果は増幅されて個体群成長率が極端に下がる」「殺虫剤を散布した効果は肥料量に依存し，これら 2 つの因子には関連がある．独立ではない．交互作用している」ということを示している[32]．

個体群成長率が極端に下がった個体群 Bアの個体群行列は，式 (7.12) のような 2 つの効果の単純な和でなく，

$$
\begin{aligned}
\Delta\lambda &= \lambda_{\mathrm{B}ア} - \lambda_{..} \\
&= \text{因子 1 による効果} + \text{因子 2 による効果} + \text{交互作用の効果}
\end{aligned}
$$

となるはずである．一般化すると，個体群 kl の場合には，

[31] 図 7.9b と比較してみてほしい.

[32] 2 つの因子の交互作用は世の中の現象でも往々にして見られる．古い話になるが，野球チームの阪神タイガースの勝率は，ホームグラウンド甲子園で試合が行われたときには高かったことが知られている．さらに巨人と甲子園で試合をしたときだけさらに勝率が高かった（こうした背景もあって，「因縁の対決」と言われていた）．因子「試合場所」と因子「対戦相手」は独立ではなく，交互作用があったというわけである.

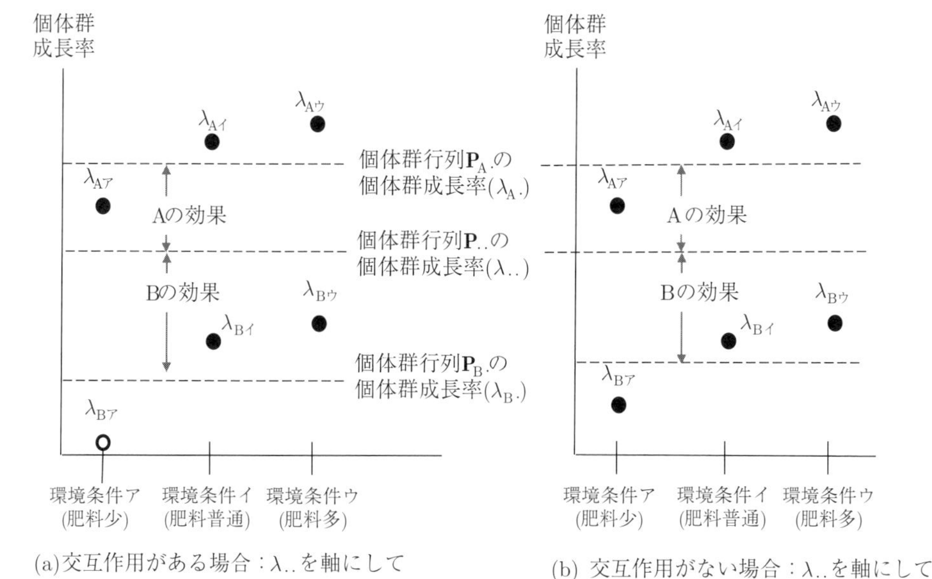

図 7.9　6 つの実験区での個体群成長率（交互作用がある場合）.

$$
\begin{aligned}
\Delta\lambda &= \lambda_{kl} - \lambda_{\cdot\cdot} \\
&= \text{因子 1 による効果} + \text{因子 2 による効果} + \text{交互作用の効果} \\
&= (\lambda_{k\cdot} - \lambda_{\cdot\cdot}) + (\lambda_{\cdot l} - \lambda_{\cdot\cdot}) + \alpha_{12} \qquad (7.28)
\end{aligned}
$$

となる．このプラス α が交互作用の影響であり，因子 1 と 2 の間の交互作用であることを明示するため添字“12”を付けて表した．

生命表反応解析の醍醐味は，感度分析の近似公式を使って，それぞれの因子の効果を各生育段階の生残・成長・繁殖に分解できることにある．すでに，式 (7.28) の右辺第 1 項と第 2 項については，その近似分解公式は式 (7.14), (7.15) で与えられている[33]．そこで，$\lambda_{kl} - \lambda_{\cdot\cdot}$ の残りの部分を近似することで，α_{12} を求める．すなわち，式 (7.14) に似せて，

$$
\begin{aligned}
\lambda_{kl} - \lambda_{\cdot\cdot} &\approx \sum_{i,j} s''_{ij} \times \left(p_{ij}^{(kl)} - p_{ij}^{(\cdot\cdot)} \right) \\
s''_{ij} &= \left. \frac{\partial\lambda}{\partial p_{ij}} \right|_{\frac{\mathbf{P}_{kl}+\mathbf{P}_{\cdot\cdot}}{2}} \qquad (7.29)
\end{aligned}
$$

と近似してみる．そうすると，交互作用の効果 α_{12} は，式 (7.14),

33) 公式は同じであるが，すでに交互作用のない場合の例とは $\mathbf{P}_{Bア}$ が変わっているので，$\mathbf{P}_{B\cdot}$ も変わるし，ひいては，$\lambda_{B\cdot}$ も変わっていることに注意してほしい．

(7.15)，(7.28)，(7.29) を用いて，

$$
\begin{aligned}
\alpha_{12} &= (\lambda_{kl} - \lambda_{..}) - (\lambda_{k\cdot} - \lambda_{..}) - (\lambda_{\cdot l} - \lambda_{..}) \\
&\approx \sum_{i,j} s''_{ij} \times \left(p_{ij}^{(kl)} - p_{ij}^{(\cdot\cdot)}\right) - \sum_{i,j} s_{ij} \times \left(p_{ij}^{(k\cdot)} - p_{ij}^{(\cdot\cdot)}\right) \\
&\quad - \sum_{i,j} s'_{ij} \times \left(p_{ij}^{(\cdot l)} - p_{ij}^{(\cdot\cdot)}\right) \qquad (7.30)
\end{aligned}
$$

と近似できるだろう．

2 因子の間に交互作用がある場合の公式をまとめておく．

〈生命表反応解析（LTRE 解析）——2 因子：交互作用がある場合の近似式のまとめ〉

$$
\text{因子 1 による効果} \approx \sum_{i,j} s_{ij} \times \left(p_{ij}^{(k\cdot)} - p_{ij}^{(\cdot\cdot)}\right) \qquad (7.14)
$$

$$
\text{因子 2 による効果} \approx \sum_{i,j} s'_{ij} \times \left(p_{ij}^{(\cdot l)} - p_{ij}^{(\cdot\cdot)}\right) \qquad (7.15)
$$

因子 1 と 2 の交互作用効果

$$
\begin{aligned}
&\approx \sum_{i,j} s''_{ij} \times \left(p_{ij}^{(kl)} - p_{ij}^{(\cdot\cdot)}\right) - \sum_{i,j} s_{ij} \times \left(p_{ij}^{(k\cdot)} - p_{ij}^{(\cdot\cdot)}\right) \\
&\quad - \sum_{i,j} s'_{ij} \times \left(p_{ij}^{(\cdot l)} - p_{ij}^{(\cdot\cdot)}\right) \qquad (7.30)
\end{aligned}
$$

$$
s_{ij} = \left.\frac{\partial \lambda}{\partial p_{ij}}\right|_{\frac{\mathbf{P}_{k\cdot}+\mathbf{P}_{..}}{2}}, \quad s'_{ij} = \left.\frac{\partial \lambda}{\partial p_{ij}}\right|_{\frac{\mathbf{P}_{\cdot l}+\mathbf{P}_{..}}{2}}, \quad s''_{ij} = \left.\frac{\partial \lambda}{\partial p_{ij}}\right|_{\frac{\mathbf{P}_{kl}+\mathbf{P}_{..}}{2}}
$$

7.8 2 因子の間に交互作用がある場合の例題

7.6 節の個体群行列のうち，$\mathbf{P}_{\mathrm{B}ア}$ だけ異なる，以下のような 4 つの個体群行列と個体群成長率が得られたとする[34]．

$$
\mathbf{P}_{\mathrm{A}ア} = \begin{pmatrix} 0.5 & 0.8 \\ 0.25 & 0.6 \end{pmatrix} \quad \mathbf{P}_{\mathrm{A}イ} = \begin{pmatrix} 0.7 & 1.2 \\ 0.25 & 0.6 \end{pmatrix}
$$

$$
\lambda_{\mathrm{A}ア} = 1 \qquad \lambda_{\mathrm{A}イ} = 1.2
$$

34) ここでも行列要素の意味を $\mathbf{P} = \begin{pmatrix} \text{滞留} & \text{繁殖} \\ \text{成長} & \text{生残} \end{pmatrix}$ のように表しておくと便利である．

$$\mathbf{P}_{\mathrm{B}ア} = \begin{pmatrix} \mathbf{0.2} & \mathbf{0.2} \\ 0.25 & 0.6 \end{pmatrix} \quad \mathbf{P}_{\mathrm{B}イ} = \begin{pmatrix} 0.6 & 1.0 \\ 0.25 & 0.6 \end{pmatrix} \qquad (7.31)^{35)}$$
$$\lambda_{\mathrm{B}ア} = \mathbf{0.7} \qquad \lambda_{\mathrm{B}イ} = 1.1$$

35) 7.6 節「交互作用なし」の例と数値が異なっている部分は，太字で記してある．

$\mathbf{P}_{\mathrm{B}ア}$ の生育段階 1 での滞留率と繁殖率がともにとても低い．また，$\lambda_{\mathrm{A}ア}, \lambda_{\mathrm{A}イ}$ の組み合わせを 0.1 ずつ減らしても，ちょうど $\lambda_{\mathrm{B}ア}, \lambda_{\mathrm{B}イ}$ の組み合わせにはならないので，交互作用が生じていることが分かる．式 (7.31) を用いる 5 つの平均の行列は，

$$\mathbf{P}_{\mathrm{A}\cdot} = \begin{pmatrix} 0.6 & 1 \\ 0.25 & 0.6 \end{pmatrix} \quad \mathbf{P}_{\mathrm{B}\cdot} = \begin{pmatrix} \mathbf{0.4} & 0.6 \\ 0.25 & 0.6 \end{pmatrix} \quad \text{因子 2 の平均行列}$$
$$\lambda_{\mathrm{A}\cdot} = 1.1 \qquad \lambda_{\mathrm{B}\cdot} = \mathbf{0.9}$$
$$\mathbf{P}_{\cdot ア} = \begin{pmatrix} \mathbf{0.35} & 0.5 \\ 0.25 & 0.6 \end{pmatrix} \quad \mathbf{P}_{\cdot イ} = \begin{pmatrix} 0.65 & 1.1 \\ 0.25 & 0.6 \end{pmatrix} \quad \text{因子 1 の平均行列}$$
$$\lambda_{\cdot ア} = \mathbf{0.85} \qquad \lambda_{\cdot イ} = 1.15$$
$$\mathbf{P}_{\cdot\cdot} = \begin{pmatrix} \mathbf{0.5} & \mathbf{0.8} \\ 0.25 & 0.6 \end{pmatrix} \quad \text{全体の平均行列} \qquad (7.32)$$
$$\lambda_{\cdot\cdot} = \mathbf{1}$$

である．式 (7.31) の $\lambda_{\mathrm{B}ア}$ を式 (7.32) の $\lambda_{\cdot\cdot}$ を基準にして比較すると，個体群成長率にして 3 割ほど減少している．

この場合，水準 A の効果や他の水準の効果は，それぞれ

$$\begin{aligned} \lambda_{\mathrm{A}\cdot} - \lambda_{\cdot\cdot} &= 1.1 - 1 = 0.1 \\ \lambda_{\mathrm{B}\cdot} - \lambda_{\cdot\cdot} &= 0.9 - 1 = -0.1 \\ \lambda_{\cdot ア} - \lambda_{\cdot\cdot} &= 0.85 - 1 = -0.15 \\ \lambda_{\cdot イ} - \lambda_{\cdot\cdot} &= 1.15 - 1 = 0.15 \end{aligned} \qquad (7.33)$$

となる．

そこで，大きく個体群成長率が減少した個体群 B アに着目して，生命表反応解析を行うこととする．言い換えると，因子 1 の水準 B と因子 2 の水準アの効果，およびその交互作用を評価しようとしている．式 (7.21)～(7.27) で行ったのと同じように，感度行列や行列間の要素差を計算ソフトを使って求めると，

$$\mathbf{S} = \left\{ \left. \frac{\partial \lambda}{\partial p_{ij}} \right|_{\frac{\mathbf{P}_{\mathrm{B}\cdot} + \mathbf{P}_{\cdot\cdot}}{2}} \right\} = \begin{pmatrix} 0.412 & 0.294 \\ 0.824 & 0.588 \end{pmatrix}$$

$$\Delta\mathbf{P} = \left\{ p_{ij}^{(\mathrm{B}\cdot)} - p_{ij}^{(\cdot\cdot)} \right\} = \begin{pmatrix} -0.1 & -0.2 \\ 0 & 0 \end{pmatrix}$$

$$\mathbf{S}' = \left\{ \left. \frac{\partial\lambda}{\partial p_{ij}} \right|_{\frac{\mathbf{P}_{\cdot ア}+\mathbf{P}_{\cdot\cdot}}{2}} \right\} = \begin{pmatrix} 0.394 & 0.303 \\ 0.788 & 0.606 \end{pmatrix}$$

$$\Delta\mathbf{P}' = \left\{ p_{ij}^{(\cdot ア)} - p_{ij}^{(\cdot\cdot)} \right\} = \begin{pmatrix} -0.15 & -0.3 \\ 0 & 0 \end{pmatrix}$$

$$\mathbf{S}'' = \left\{ \left. \frac{\partial\lambda}{\partial p_{ij}} \right|_{\frac{\mathbf{P}_{\mathrm{B}ア}+\mathbf{P}_{\cdot\cdot}}{2}} \right\} = \begin{pmatrix} 0.333 & 0.333 \\ 0.667 & 0.667 \end{pmatrix}$$

$$\Delta\mathbf{P}'' = \left\{ p_{ij}^{(\mathrm{B}ア)} - p_{ij}^{(\cdot\cdot)} \right\} = \begin{pmatrix} -0.3 & -0.6 \\ 0 & 0 \end{pmatrix}$$

である．それぞれの要素ごとの積は，

$$\mathbf{S}\circ\Delta\mathbf{P} = \begin{pmatrix} 0.412\times(-0.1) & 0.294\times(-0.2) \\ 0.824\times 0 & 0.588\times 0 \end{pmatrix} = \begin{pmatrix} -0.041 & -0.059 \\ 0 & 0 \end{pmatrix} \tag{7.34}$$

$$\mathbf{S}'\circ\Delta\mathbf{P}' = \begin{pmatrix} 0.394\times(-0.15) & 0.303\times(-0.3) \\ 0.788\times 0 & 0.606\times 0 \end{pmatrix} = \begin{pmatrix} -0.059 & -0.091 \\ 0 & 0 \end{pmatrix} \tag{7.35}$$

$$\mathbf{S}''\circ\Delta\mathbf{P}'' = \begin{pmatrix} 0.333\times(-0.3) & 0.333\times(-0.6) \\ 0.667\times 0 & 0.667\times 0 \end{pmatrix} = \begin{pmatrix} -0.1 & -0.2 \\ 0 & 0 \end{pmatrix} \tag{7.36}$$

となる．式(7.34)の行列の中身は，因子1の水準Bの効果は，滞留を意味する1行1列目の要素由来のものが -0.041，繁殖を意味する1行2列目の要素由来のものが -0.059 であることを意味している．式(7.14)から

$$\text{因子1による効果} = -0.041 - 0.059 + 0 + 0 = -0.1$$

である（図7.10a）．

同様に，式(7.35)の中にある因子2の水準アの効果は，滞留を

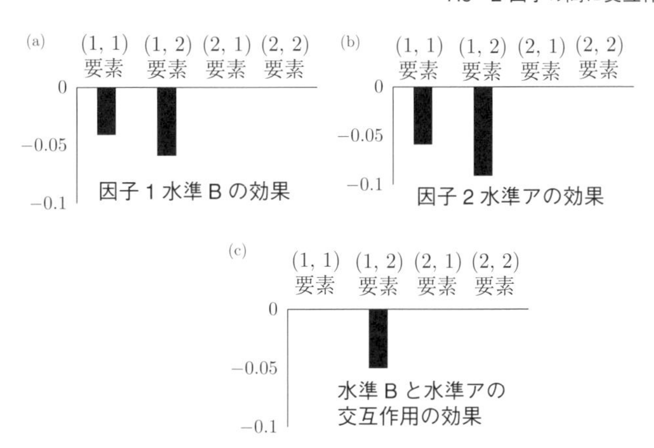

図 7.10　集団 Bアの生命表反応解析（2 因子：交互作用がある場合）の結果（因子間の交互作用も含めて）.

意味する 1 行 1 列目の要素由来のものが −0.059，繁殖を意味する 1 行 2 列目の要素由来のものが −0.091 であることを意味している．式 (7.15) から

$$\text{因子 2 による効果} = -0.059 - 0.091 + 0 + 0 = -0.15$$

である．個体群成長率を増やすファクターはどこにもなく，個体群 Bアの個体群成長率が 0.7（式 7.31）にまで落ち込む理由が垣間見える（図 7.10b）．さらに，式 (7.30), (7.36) を用いると，

$$\text{因子 1 と 2 の交互作用効果} \approx \underbrace{\underset{\substack{1\text{行}\\1\text{列}}}{-0.1} - \underset{\substack{1\text{行}\\2\text{列}}}{0.2} - (\underset{\substack{1\text{行}\\1\text{列}}}{-0.041} - \underset{\substack{1\text{行}\\2\text{列}}}{0.059})}_{\text{水準 B の効果}} - \underbrace{(\underset{\substack{1\text{行}\\1\text{列}}}{-0.059} - \underset{\substack{1\text{行}\\2\text{列}}}{0.091})}_{\text{水準アの効果}} = -0.05 \tag{7.37}$$

となるので，1 行 1 列目の要素由来のものが −0.1 − (−0.041) − (−0.059) = 0，繁殖を意味する 1 行 2 列目の要素由来のものが −0.2 − (−0.059) − (−0.091) = −0.05 である．交互作用の効果は滞留の (1,1) 要素由来のものではなく，すべて繁殖を意味する 1 行 2 列目の要素由来のものから生じていたのである（図 7.10c）[36]．

[36] ここまで行った解析は，他の水準の組み合わせ（Aア，Aイ，Bイ）でも同様に行えるので，ぜひ試してみるとよいと思う．

7.9　個体群成長率のバラツキの由来を探る[37]

ここまでは，個体群成長率の違いを引き起こす要因がはっきりしている場合の方法について解説してきた．人為的に操作された実験区を設定した場合，すなわち，殺虫剤を散布したり，光量を制限したり，環境条件をコントロールできる場合には，検出したい要因がはっきりしているので，この方法は有効である．ところが，野外調査の場合には検出したい要因がはっきりしない場合が多々ある．どういうわけか，いくつかの個体群を調べてみたら個体群成長率がばらついている．このバラツキは，環境条件の何らかの（未知の，データ化されていない）変動の影響を受けていると思われる[38]．では，その変動はどの生活史過程を通じて個体群成長率のバラツキをもたらしているのだろう？ そのときにも，やはり感度分析は手助けとなる道具である．

シャチは世界に広く分布する海生哺乳類で，ポッドと呼ばれる群れを構成して生活している．長命で成熟するまで 10～18 年を要し，メスは 1 回の出産で一子しかもうけず，出産間隔も 4～6 年なので，年当たりの繁殖率は 1 を大きく割っている．また，長生きするメスは繁殖をしなくなっても生き続けるため，いわゆる後繁殖段階[39] の個体も数多く存在する．そのため，文献 [7-2] では[40]，満一年子段階[41]，未成熟段階，繁殖段階，後繁殖段階の 4 つの生育段階を設定し，個体群行列を求めた（図 7.11）[42]．そのシャチの 4 行 4 列の個体群行列の各要素は，式 (7.38) のような意

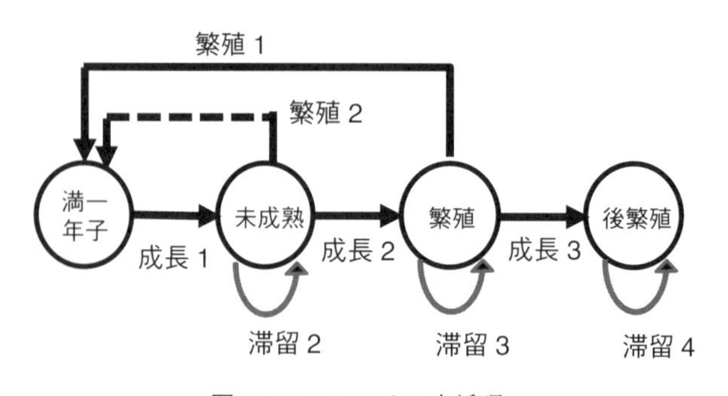

図 **7.11**　シャチの生活環.

37) 文献 [0-1] では，random design と命名されている．

38) ランダム要因と呼ばれる．ただ，第 4 章や第 6 章での「ランダム」が無作為・でたらめのような意味だったのと，微妙にニュアンスが異なる．本章ではランダム要因という表現は避けることにする．

39) post-reproductive stage.

40) 古い調査結果であるがデータ解析結果の生態学的解釈が分かりやすいなど利点が多いので取り上げることにした．

41) yearling stage.

42) 2 番目のステージを未成熟段階と名前を付けているのだが，図 7.11 や式 (7.38) を見ると，どういうわけか未成熟個体が子供を生んでいるように見える（図 7.11 内の破線）．それは，鳥類 A や B で，亜成鳥が生き残って成鳥になった後に子供を産んでいると，亜成鳥の生育段階の 1 行目に正の値が現れるのと同じ理由による（1.3 節式 (1.8)，(1.9)，1.4 節式 (1.14)，(1.15) 参照）．

味を持つ.

$$\begin{pmatrix} -- & \text{繁殖 }1 & \text{繁殖 }2 & -- \\ \text{成長 }1 & \text{滞留 }2 & -- & -- \\ -- & \text{成長 }2 & \text{滞留 }3 & -- \\ -- & -- & \text{成長 }3 & \text{滞留 }4 \end{pmatrix} \quad (7.38)$$

文献 [7-2] では，シャチの 18 個のポッドの個体追跡の結果が 18 枚の個体群行列にまとめられている．18 枚の行列の平均行列は，

$$\begin{pmatrix} 0 & 0.0043 & 0.1132 & 0 \\ 0.9775 & 0.9111 & 0 & 0 \\ 0 & 0.0736 & 0.9534 & 0 \\ 0 & 0 & 0.0452 & 0.9804 \end{pmatrix}$$

であり，その最大固有値（個体群成長率）は 1.025 であった．18 個の行列のそれぞれの個体群成長率は，0.995 から 1.050 までばらついており，その分散 $Var(\lambda)$ は[43]，2.90×10^{-4} であった．どの生活史過程がこれらのポッドの個体群成長率のバラツキをもたらすのか，を調べることが解析の眼目である．そのため，この章の前半と同じような方法で感度を用いた近似公式が開発されている[44]．

$$Var(\lambda) \approx \sum_{i,j} \sum_{k,l} s_{ij} s_{kl} \times Cov(p_{ij}, p_{kl}) \quad (7.39)$$

s_{ij} と s_{kl} は平均行列の感度行列の i 行 j 列目の要素と k 行 l 列目の要素を意味する．$Cov(p_{ij}, p_{kl})$ は，18 枚の個体群行列の i 行 j 列目の要素と k 行 l 列目の要素の共分散である[45]．

式 (7.39) の公式の意味するところは，(近似的にではあるが)「個体群成長率のバラツキ具合は，個体群行列の i 行 j 列目の要素と k 行 l 列目の要素の共変動に起因する個体群成長率のバラツキ具合の合計である」ということである．

$(i,j) = (k,l)$ のときは，$Cov(p_{ij}, p_{kl}) = Cov(p_{ij}, p_{ij}) = Var(p_{ij})$ であるから，ある行列要素が平均の周りでバラついていると，バラツキの大きさは分散 $Var(p_{ij})$ で表される．行列要素のバラツキが個体群成長率のバラツキをどのくらい引き起こすかは，「行列要素の変化に即してどの程度個体群成長率が変化するの

43) 分散の英語 variance と固有値を表すのに使われるギリシア文字のラムダ λ を使った記法.

44) この公式の導出については，本書の目的を超えるので解説しない．興味のある読者は，文献 [0-1] を見てほしい.

45) 共分散 (covariance) の定義については文献 [0-3], [0-4] などを参照．18 枚の行列のデータから，i 行 j 列目の要素と k 行 l 列目の要素のペアを 18 組取り出して，その間の共分散を計算する．R や Mathematica などの計算ソフトには，共分散のコマンドがある.

か」が関わり，これはすなわち感度を意味している．そして，本章前半と同じようにして，分散に感度を乗じることで個体群成長率のバラツキが近似的に求められる．なお，分散は二乗のオーダーの量であるから，感度も二乗する必要があり，${s_{ij}}^2$ が乗じられている．したがって，$(i, j) = (k, l)$ の場合，個体群成長率のバラツキに ${s_{ij}}^2 Var(p_{ij})$ だけの「変動への寄与」がある，と解釈される．

一般の (i, j) と (k, l) の組み合わせの場合を考えると，そのときには p_{ij} が増えると連動して p_{kl} が増加する傾向がある場合と逆の場合があることだろう．それぞれ，$Cov\,(p_{ij}, p_{kl})$ は正，あるいは負になる．前者は個体群成長率のバラツキを大きくするだろうし，後者はバラツキを抑える効果があるだろう．その場合も，行列要素の変動の大きさがどのように個体群成長率の変動に変換されるかを数式で表そうとすると，感度が必要になってくる．それぞれの行列要素に対応する感度を乗じた $s_{ij}s_{kl} \times Cov(p_{ij}, p_{kl})$ が求めたい量，「変動への寄与」である[46]．すべての (i, j) と (k, l) の組み合わせの「変動への寄与」の合計が，最終的に個体群成長率の分散になっているはずで，それが，式 (7.39) である．

46) 感度を乗じるやり方はすでにこの章の前半で学んできた．

この解析結果を示すのはやっかいである．というのも，(i, j) と (k, l) の組み合わせの数が多いからである．シャチの個体群行列は 4 行 4 列だから全部で 16 個の行列要素がある．そのすべての (i, j) と (k, l) の組み合わせは $16^2 = 256$ 通りで，それぞれが個体群成長率の分散へ影響（寄与）を与えている．その数が多いため，それぞれの寄与を表すためには工夫が必要である．そこで，まず式 (7.38) の行列の中で，ゼロの要素以外の 8 個の要素（成長 1，繁殖 1，滞留 2，成長 2，繁殖 2，滞留 3，成長 3，滞留 4）だけに着目する（図 7.12）[47]．

47) どの個体群でもゼロである要素間では共分散がゼロであるから，式 (7.39) の和から消えてしまうからである．

図 7.12a では，着目した 8 個の要素間の $Cov(p_{ij}, p_{kl})$（8^2 個）が示されている．3 次元図の中の X–Y 軸面の対角線上を斜めに横切る線は，$(i, j) = (k, l)$ の 8 個，例えば，その一つは X 軸，Y 軸ともに「繁殖 2」（行列内では p_{13} の要素）の座標を示している．そこでの共分散は普通の分散で常に正である（図中では（エ））．対角線上で目立った大きさのものは，図中の（ア），（ウ），（エ）の 3 か所で，それぞれ，式 (7.38) の中の「成長 1」の分散，「滞留 2」の分散，「繁殖 2」の分散の大きさを示している．対角線より奥だったり手前だったりすると，$(i, j) \neq (k, l)$ の場合で，共分

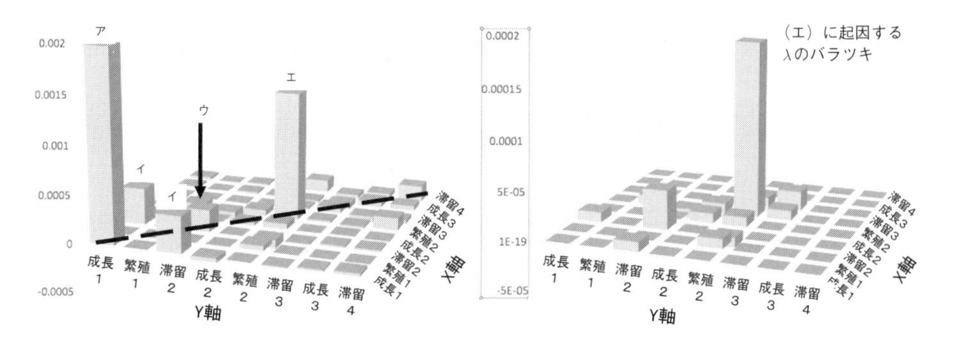

（ア）成長１の分散（イ）成長１，滞留２の共分散（ウ）滞留２の分散（エ）繁殖２の分散

図 7.12　シャチの生命表反応解析――バラツキの由来を探った結果.

散である．共分散は正の値をとったり負の値をとったりする．図7.12a では，目立った負の共分散は見当たらない．目立った正の共分散は（イ）だけで，それは「成長 1」（行列内では p_{21} の要素）と「滞留 2」（行列内では p_{32} の要素）の共分散 $Cov\,(p_{21}, p_{32})$ に当たる[48]．目立って共分散の大きい（ア）～（エ）の 4 か所は，個体群成長率の分散に大きく影響を与えるように想像するかもしれない．しかし，図 7.12b に示された「$Var(\lambda)$ への各組み合わせからの寄与」を見ると，その想像が裏切られる．それは，各行列要素の感度が大きいものから小さいものまで，かなりの違いがあるからである．図 7.12a の（ア），（イ），（ウ）は図 7.12b ではすっかり鳴りを潜め，ほとんど（エ）の一人勝ちである．それは，（ア），（イ），（ウ）に対応する「成長 1」「滞留 2」の感度が小さいものであったことを意味する．つまり，シャチの 18 個体群における個体群成長率のバラツキは，ほとんどが（エ）に対応する繁殖 2 のバラツキに起因するもので，ほぼそれだけで 18 個体群の個体群成長率は 0.995 から 1.050 までばらつく．要するに，シャチのポッドは，誕生する子供の数が不安定であることに弱いのである．

生命表反応解析を使ってバラツキの由来を探ったことで得られた以上の知見は，保全生態学上重要な意味を持ち，シャチの個体群を守るヒントになる．もし，人間活動によって子供の数の年変動が大きくなるなら，シャチの個体群は脆弱になるが，逆に，子供の数が安定するように保全活動を行うと有効な手立てになる．シャ

48) ちなみに，対角線を挟んで対称の位置にある共分散は同じ大きさを持っている．数式で表すと，$Cov\,(p_{21}, p_{32}) = Cov\,(p_{32}, p_{21})$ が常に成立するからである．

チだけではなく，他の動植物でもやはりそれぞれの種に独自な弱点があることだろう．その弱点を解析する一つの方法として，生命表反応解析はさまざまな動植物種に対して応用されてきている．

参考文献

全般

[0-1] Caswell, H. (2000). *Matrix population models* (Vol. 1). Sunderland, MA, USA: Sinauer.

[0-2] 高田壮則 (2005). 植物の生活史と行列モデル．草木を見つめる科学（種生物学会編）．pp. 87–112. 文一総合出版.

[0-3] 東京大学教養学部統計学教室（編）(1992). 自然科学の統計学．東京大学出版会.

[0-4] 稲垣宣生 (1990). 数理統計学．裳華房.

第 1 章

[2-1] Araki, K., Shimatani, K., Nishizawa, M., Yoshizane, T., and Ohara, M. (2010) Growth and survival patterns of *Cardiocrinum cordatum var. glehnii* (Liliaceae) based on a 13-year monitoring study: Life history characteristics of a monocarpic perennial herb. Botany 88: 745-752.

第 3 章

[3-1] John H.Vandermeer, Deborah E.Goldberg（著），佐藤一憲，竹内康博，宮崎倫子，守田 智（訳）(2007). 個体群生態学入門—生物の人口論．共立出版．第 3 章.

[3-2] 西村欣也 (2012). 生態学のための数理的方法：考えながら学ぶ個体群生態学．文一総合出版，pp. 83–164.

[3-3] 大原 雅 (2015). 植物生態学．海游舎：pp. 180–190.

[3-4] Salguero-Gómez, R., Jones, O. R., Archer, C. R., Buckley, Y. M., Che-Castaldo, J., Caswell, H., ... and Vaupel, J. W. (2015). The COMPADRE Plant Matrix Database: an open online repository for plant demography. *Journal of Ecology*, *103*(1), 202–218.

第 4 章

[4-1] 島谷健一郎 (2012). フィールドデータによる統計モデリングと AIC. 近代科学社.

第 5 章

[5-1] Caswell, H. (1978). A general formula for the sensitivity of population growth rate to changes in life history parameters. *Theoretical population biology*, *14*(2), 215–230.

[5-2] 巌佐 庸 (1998). 数理生物学入門—生物社会のダイナミックスを探る. 共立出版.

[5-3] Otto, S. P., and Day, T. (2011). *A biologist's guide to mathematical modeling in ecology and evolution.* Princeton University Press. Princeton & Oxford.

[5-4] 齋藤保久, 佐藤一憲, 瀬野裕美 (2017). 数理生物学講義—数理モデル解析の講究. 共立出版.

[5-5] de Kroon, H., Plaisier, A., van Groenendael, J., and Caswell, H. (1986). Elasticity: the relative contribution of demographic parameters to population growth rate. *Ecology, 67*(5), 1427–1431.

[5-6] Doak, D., Kareiva, P., and Klepetka, B. (1994). Modeling population viability for the desert tortoise in the western Mojave Desert. *Ecological applications, 4*(3), 446–460.

[5-7] Silvertown, J., Franco, M., and Menges, E. (1996). Interpretation of elasticity matrices as an aid to the management of plant populations for conservation. *Conservation Biology, 10*(2), 591–597.

[5-8] Pfister, C. A. (1998). Patterns of variance in stage-structured populations: evolutionary predictions and ecological implications. *Proceedings of the National Academy of Sciences, 95*(1), 213–218.

[5-9] Takada, T., Kawai, Y., & Salguero-Gómez, R. (2018). A cautionary note on elasticity analyses in a ternary plot using randomly generated population matrices. *Population Ecology, 60*(1), 37–47.

[5-10] H. レシット アクチャカヤ, レフ・R. ギンズバーグ, マーク・A. バーグマン. 楠田尚史, 紺野康夫, 小野山敬一（訳）(2002). コンピュータで学ぶ応用個体群生態学—希少生物の保全をめざして. 文一総合出版.

[5-11] 宮下 直, 瀧本岳他 (2017). 生物多様性概論—自然のしくみと社会のとりくみ—. 朝倉書店.

第 6 章

[6-1] 中妻照男 (2007). 入門ベイズ統計学. 朝倉書店.

[6-2] 樋口知之 (2011). 予測にいかす統計モデリングの基本—ベイズ統計入門から応用まで. 講談社.

[6-3] 間瀬 茂 (2016). ベイズ法の基礎と応用 条件付き分布による統計モデリングと MCMC 法を用いたデータ解析. 日本評論社.

第 7 章

[7-1] Tomimatsu, H., and Ohara, M. (2010). Demographic response of plant populations to habitat fragmentation and temporal environmental variability. Oecologia, 162(4), 903–911.

[7-2] Brault, S., & Caswell, H. (1993). Pod-specific demography of killer whales (*Orcinus orca*). Ecology, 74(5), 1444–1454.

あとがき

2010 年頃のことであろう．何かの折に島谷は，「個体群行列モデルは実データ・統計・数理生態学を結びつける簡単な数理モデルの代表ですね」と高田に話した（らしい）．それは，2013 年，島谷が所属する統計数理研究所における，高田による個体群行列モデルの解説講義を軸とするワークショップへつながった．そこで高田は，本書序章のような問題提起で話を始めた（そこでは，架空鳥類でなく，大人と子供からなる架空村のおとぎ話だった）．

「ここの人口が増えるのか減るのか予想できますか？」

「どうして予想しにくいのでしょう？」

「どうすれば簡潔に予測できるでしょう？」

こんな疑問に対し，大人と子供のように 2 要素が相互に関係し合いながらの増減は 1 要素の増減と根本的に違ってくるが，個体群行列モデルはその一つの解を与えてくれる，という流れで話は進められた．

個体群行列モデルは，20 世紀前半に開発された生物集団（個体群）の動態を記述する数理モデルである．生物集団の動態を記述するためには，当然ながら集団に属する各個体の成長・生残・繁殖（動態の基本三要素）に関する情報が必要である．それは，日本の人口の将来予測を行うために，年齢や生活環境が異なる人々の死亡率や女性の出生率を調べることが必要であるのと同じである．言い換えると，集団の動態を調べるにはさまざまなデータが必要なわけである．そして，大量のデータが集積されると，データから直接には成長・生残・繁殖は見えてこず，何らかの統計的処理が必要になる．それは集積されたデータの性質や内容に依存し，本書第 4 章の最尤法や第 6 章のベイズ統計はその一例で，今日，さまざまな統計モデルによる推定法が考案されている．場合によっては今までに確立されていない統計的推定法の開発が必要になる．

ところで，統計手法により成長・生残・繁殖を推定できたとしても，それは動態の基本三要素を定量化したにすぎない．それだけでは，本書序章で提示したような素朴な問題にも答えられない．そこで，数理生態学の数理モデルを用いる解析の出番である．データそのものを見ても知ることができず，統計処理を行ってもパッと見では分からないことでも，数理モデルを用いる解析で初めて分かることがある．それはある種のマジックと言っていいのかもしれない．そんなマジックの代表例に，本書で紹介した個体群成長率や感度などの個体群統計量がある．

こうして，個体群行列モデルが，実データから統計・数理生態学を通じて集団の動態についてさまざまな有用な知見を導き出すというストーリーを語る本書の構想が出来上がった．

序章と第1章は上記高田の講義をネタに島谷が文書化したもので，シミュレーションによる数値計算予測を加えた．その後，島谷は第2, 4, 6章，高田は第3, 5, 7章を執筆した．何度かの協議とメール交換による修正を経て中身を成熟させていった．

固有値という数学は，大学の線形代数の授業で必ず学ぶ．島谷も数学の定理・証明を追いかけ数学として学習した．しかし，それは数学の世界の中での理解であり，具体的な問題とは一線を画していた．そんな固有値という数学の概念で，複雑な構成の集団でも人口増加率（個体群成長率）を表すことができる．島谷の場合，個体群行列を学んでようやくにして，固有値という数学を理解・解釈するに至った気分である．固有値という数学の概念が身近な生き物集団の個体数の増減を表せる，行列という数学が生き物の保全などに有益なさまざまな数値指標を提供する，具体的数値は実際のデータから統計モデルを経て得られる，そんな光景を本書の中で見ることができたろうか．本書は個体群生態学の入門書でもあり，最尤法やベイズ統計による統計的推定の入門書でもあり，固有値という数学の入門書でもある．

本書は，高田・島谷の原稿を，多くの方々からさまざまな意見をもらうことで修正や改善を重ねた．特に，深谷肇一氏，山村光治氏，横溝裕行氏，大竹裕里恵氏，谷尾伊織氏，加藤颯人氏，都築洋一氏は，初期の原稿を細部に至るまで精読し，いくつもの有益な助言や鋭い指摘，率直な意見を返してくれました．ここに深く感謝申し上げます．また，第 2 章オオウバユリの写真を提供してくださった谷友和氏，我々が協議する場の便宜を図ってくださった下部温泉湯元ホテルのスタッフの皆さんにも感謝の意を表します．
深谷肇一，山村光治，大竹裕里恵，谷尾伊織，加藤颯人，都築洋一

2022 年 5 月

島谷健一郎
高田壮則

索　引

著者紹介

島谷 健一郎（しまたに けんいちろう）

統計数理研究所准教授
1980年　神奈川県立希望が丘高等学校卒業
1984年　京都大学理学部卒業
1992年　京都大学大学院理学研究科数理解析専攻満期退学
代々木ゼミナール，大阪外国語大学留学生センターなどの非常勤講師を経て，
1995年からミシガン州立大学森林科学科へ大学院留学
2000年　統計数理研究所助手
2009年より現職
連絡先：統計数理研究所 〒190-8562 東京都立川市緑町10-3
　　　　shimatan@ism.ac.jp

高田 壮則（たかだ たけのり）

北海道大学名誉教授
1979年　京都大学理学部卒業
2005年　北海道大学大学院地球環境科学研究科教授

装丁・組版　藤原印刷
編集　高山哲司

統計スポットライト・シリーズ 5

個体群生態学と行列モデル

統計学がつなぐ野外調査と数理の世界

2022 年 6 月 30 日　　初版第 1 刷発行

著　者　　島谷 健一郎・高田 壮則

発行者　　大塚 浩昭

発行所　　株式会社近代科学社

〒101-0051 東京都千代田区神田神保町 1 丁目 105 番地

https://www.kindaikagaku.co.jp

Printed in Japan

ISBN978-4-7649-0652-5

印刷・製本　　藤原印刷株式会社